SUPERサイエンス

プラスチック 知られざる世界

The World Unknown To Plastic

名古屋工業大学名誉教授
齋藤勝裕 Saito Katsuhiro

C&R研究所

■本書について

● 本書は、2018年5月時点の情報をもとに執筆しています。

●本書の内容に関するお問い合わせについて

この度はC&R研究所の書籍をお買いあげいただきましてありがとうございます。本書の内容に関するお問い合わせは、「書名」「該当するページ番号」「返信先」を必ず明記の上、C&R研究所のホームページ（http://www.c-r.com/）の右上の「お問い合わせ」をクリックし、専用フォームからお送りいただくか、FAXまたは郵送で次の宛先までお送りください。お電話でのお問い合わせや本書の内容とは直接的に関係のない事柄に関するご質問にはお答えできませんので、あらかじめご了承ください。

〒950-3122　新潟市北区西名目所4083-6
株式会社C&R研究所　編集部
FAX 025-258-2801
「SUPERサイエンス プラスチック知られざる世界」サポート係

はじめに

　私たちはプラスチックに囲まれています。昭和の初め頃まで、人々は天然物を用いて生活していました。家は木材と紙と瓦ででき、着る物は植物繊維や動物繊維でした。多くの容器は木材や金属、陶磁器製でした。

　それが現在ではどうでしょうか？　家はコンクリートであり、その表面を覆うものは天然物の模様を印刷したプラスチックです。着る物の多くは合成繊維と呼ばれるプラスチックです。ほとんど全ての容器はプラスチック製であり、昔は金属で作った物の多くは、現在ではプラスチック製に置き換わっています。飛行機までがプラスチック製です。

　現代社会は、プラスチックの上に成り立っているのです。ところがプラスチックに慣れてしまった私たちは、意外とプラスチックの事を知っていないようです。

　そもそもプラスチックとは、どのような物なのでしょうか？　プラスチックとは石のような物なのでしょうか？　それとも木材？　あるいは金属のような物なのでしょうか？　プラスチックと合成繊維は何が違うのでしょう？　ゴムはプラスチックなのでしょうか？　改めて考えてみると知らない事ばかりです。

　本書は、このような疑問にわかりやすく、楽しく答えるために作られた本です。読者の皆様が、多様なプラスチックの種類とその能力に気付いて下されば、嬉しい限りです。

２０１８年５月

齋藤　勝裕

CONTENTS

はじめに……3

Chapter. 1
プラスチックと高分子
01 身の回りのプラスチック……10
02 私たちもプラスチック……17
03 プラスチックと高分子……20
04 高分子の種類……25
05 プラスチックって何？……30

Chapter. 2
高分子の分子構造
06 分子は原子が結合した物……34

CONTENTS

07 有機分子を作る共有結合……39
08 高分子は分子が結合したもの……44
09 分子が集まるためには引力が必要……50
10 高分子の高次構造……56

Chapter. 3

高分子の作り方

11 高分子を作る反応……64
12 連鎖重合反応……67
13 共重合反応……71
14 逐次反応……75
15 熱硬化性高分子の合成反応……82

Chapter. 4 高分子の化学的性質

16 高分子の熱的性質……88
17 高分子の耐熱性……93
18 高分子の溶解性……100
19 高分子の耐薬品性……104
20 高分子の反応性……108

Chapter. 5 高分子の物理的性質

21 高分子の力学的性質……114
22 粘弾性……120
23 高分子の光学的性質……123
24 高分子の電気的性質……131

CONTENTS

25 高分子の誘電性……136

Chapter. 6
材料としての高分子

26 熱可塑性高分子と熱硬化性高分子……140
27 ゴムと熱可塑性エラストマー……147
28 繊維の構造と性質……157
29 汎用樹脂と工業用樹脂……163
30 高分子の改質……173

Chapter. 7
機能性高分子

31 高吸水性高分子……178

32 イオン交換高分子……180
33 光硬化性樹脂……183
34 形状記憶高分子……185
35 導電性高分子……188
36 超伝導性高分子……191
37 圧電性高分子……193

Chapter. 8 高分子の応用

38 無機高分子……198
39 複合材料の種類と性質……207
40 高分子の応用例……215
41 環境と高分子……225
42 高分子の３R……233

Chapter. 1
プラスチックと高分子

SECTION 01

身の回りのプラスチック

私たちの生活はプラスチックに囲まれています。テレビやパソコンのボディーはプラスチックです。車の内装やタイヤもプラスチックです。畑を覆うビニールハウスもプラスチックです。現代ではプラスチックの無い生活は考えられません。現代社会はプラスチックの上に築かれていると言っても過言ではないでしょう。

生活を支えるプラスチック

机の上はもちろん、居間もキッチンもプラスチックでいっぱいです。

❶日常用品としてのプラスチック

定規や消しゴムなど文房具の多くはプラスチック製です。家電製品のボディーはほとんど全てがプラスチックです。キッチンを見れば、ペットボトルもコップもプラスチックです。それだけではありません。マンションなら、柱も壁も天井も畳でさえも、ほとんどの部分はコンクリートや合板、あるいはプラスチックの芯にプラスチックのフィルムを貼ったものです。つまり、天然物に見える多くの物が実はプラスチック製なのです。

❷ 繊維としてのプラスチック

衣服の多くは合成繊維でできています。合成繊維はプラスチックの一種です。ペットボトルのプラスチックを細くすればポリエステル繊維になるのです。特に最近は発熱素材のインナーのように着て暖かいとか、カーテ

●生活を支えるプラスチック

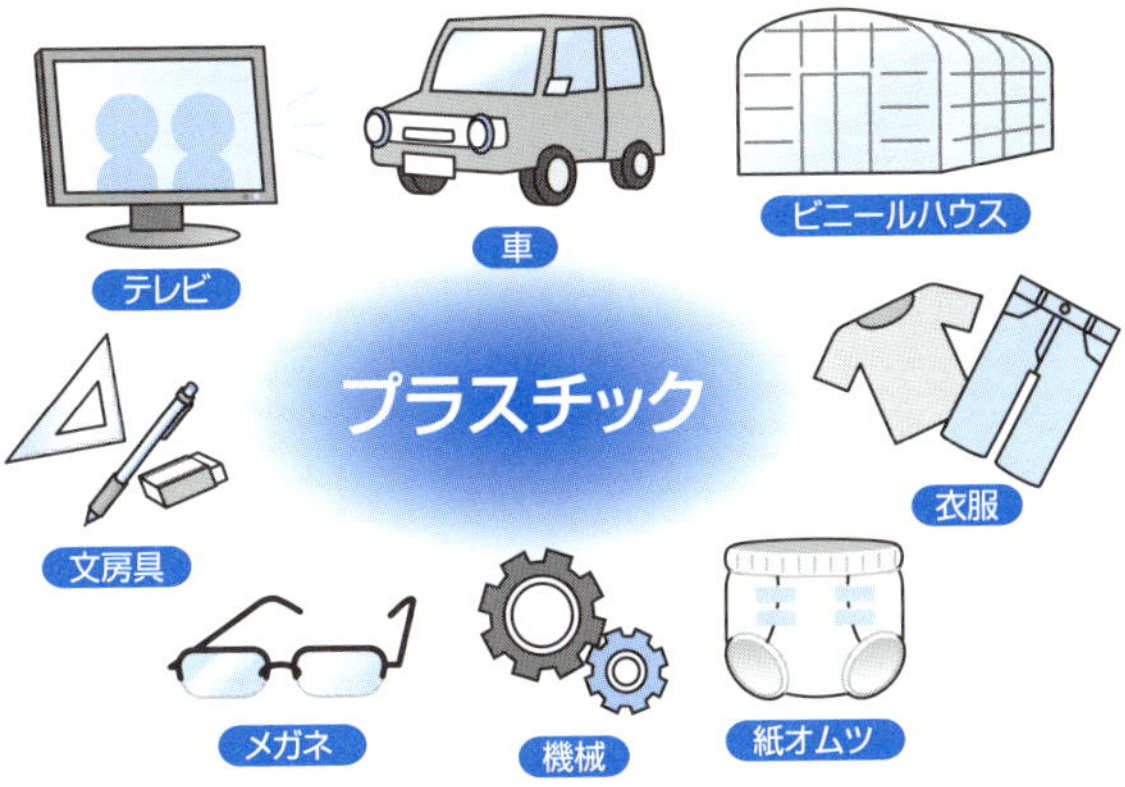

ンのように難燃性など、特別の機能を持った繊維が多くなっています。このような繊維のほとんどは合成繊維です。つまりプラスチックの一種なのです。

❸ 特殊能力を備えたプラスチック

昔のプラスチックの多くは、コップやバケツなどの容器に使われました。しかし、現在では違います。プラスチックは入れ物のような単純な用途に飽き足らず、特殊な能力、機能を手に入れたのです。

紙オムツなどに利用されるのは、高吸水性プラスチックというプラスチックの一種です。これは一見したところ繊維のようですが、天然繊維の何百倍もの水を吸う特殊能力を持っています。また、後に見るように、自分の形を覚えている形状記憶プラスチック、あるいは海水を真水に換えるイオン交換プラスチックなどのように、魔法のようなプラスチックが開発され、私たちの日常生活を快適にしてくれているのです。

産業を支えるプラスチック

プラスチックは工業分野で欠かせないのはもちろん、漁業、農業などの各種産業においても利用されています。

❶漁業とプラスチック

漁業で使う漁具にはプラスチックが活躍しています。漁網はナイロン繊維でできており、釣り糸、はえ縄や船の係留などに使うロープもナイロンが主流です。魚を入れるトロ箱はかつて木製でしたが、現在では発泡ポリスチレンのプラスチック製です。また、小型船舶の船体はグラスウールで作られていますが、これはグラスウール(ガラス繊維)をプラスチックで固めたものです。

趣味の釣りに使う道具類は、釣竿、釣り糸、リール、クーラー、網、釣りのための衣服まで、全てがプラスチックのオンパレードといった状態です。

❷農業とプラスチック

農業に欠かせないビニールハウスは塩化ビニールなどのプラスチックシートで覆われています。野菜の苗は畑に敷いた黒いビニールシートに開けた穴に植えられます。金属性だった農具の多くは軽くて丈夫なプラスチック製に置き換わっています。

さらに、あぜ道の内部には発泡ポリスチレンが補強のために埋められています。また、用水路のコンクリートは細かいヒビから水が漏れることの無いよう、プラスチック繊維を混ぜることもあります。このような技術は農業だけでなく、堤防工事のような大規模土木工事にも使われています。

❸工業を支えるプラスチック

プラスチックは工業の機械としても使われます。しかし、このような用途に使われるプラスチックの条件は過酷です。歯車は休むことなく擦り合わされて摩耗します。エンジンまわりの部品は何百℃もの高温にさらされます。

このような工業用に使われるプラスチックは一般にエンプラ（エンジニアリングプラスチック、工業用プラスチック）と呼ばれ、特別に設計製作されています。

現在では、ハサミやナイフでも切れないプラスチックが開発され、軍事用の防弾チョッキやヘルメットまでがプラスチックでできています。

社会を支えるプラスチック

プラスチックは、現代社会の隅々にまで浸透し、社会の仕組みそのものまでを支えています。

❶ 情報交換を支えるプラスチック

現代社会は情報社会です。現代の情報は磁気と光によって担われています。しかし、その磁気を支えているのはプラスチックです。磁性素子は本体のプラスチックにわずかばかりの磁性分子が塗布されているのです。

プラスチックが無かったら素子の本体を作るのは困難です。もしかして、木製あるいは紙製の素子を作ったとしても、実は木も紙もプラスチックの一種なのです。

情報を伝える光はガラスや透明プラスチックの中を進みます。現在ではガラスより透明なプラスチックも開発されています。

❷ 流通を支えるプラスチック

現代社会で流通するのは情報だけではありません、品物も人間も高速で流通します。それを支えているのがプラスチックなのです。プラスチックなしの自動車や電車は考えられません。現代の飛行機は機体の大半がプラスチックでできています。プラスチックの丈夫さ、軽さは金属を凌駕したのです。この傾向は今後ますます進んでいくことでしょう。

❸最先端技術を支えるプラスチック

現代では10年前の技術や常識は古いものとして捨て去られる勢いです。かつて有機物は電気を通さないと言うのが常識でした。しかし、現代のATMは伝導性プラスチックで動いています。かつて有機物が超伝導性を持つなどと言ったら正気かと疑われました。しかし、現在では超伝導性プラスチックも開発されています。それどころか、磁石に吸い着く磁性プラスチックも開発されているのです。もちろんプラスチックに磁石の粉を練り込んだようなまがい物ではありません。

プラスチックは社会を支えるだけでなく、社会の常識を変えつつあるのです。

SECTION 02

私たちもプラスチック

後に見るように、生体の多くの部分は天然高分子と言われる高分子でできています。高分子というのはプラスチックの仲間です。そのため、生体の欠損部分、あるいは故障部分をプラスチックで補う技術が発展しています。

生命体を作るプラスチック

植物体を構成する主成分はデンプンやセルロースですが、これらは天然のプラスチックの一種です。動物の体の主成分はタンパク質ですが、タンパク質もプラスチックの一種です。つまり、生命体はプラスチックでできているのです。

それだけではありません。生物にとって決定的に重要な働きである遺伝を司る核酸、つまりＤＮＡやＲＮＡもプラスチックの一種なのです。

体外の欠損を補うプラスチック

私たちは、事故や年齢によって体の一部に不具合が生じると、それを代替え物で補います。眼鏡はその代表的なものです。メガネのレンズは、かつてはガラス製でしたが、現在では、プラスチックに代わってきました。軽くて作りやすく、安価だからです。コンタクトレンズは、ほとんど全てがプラスチック製です。

義歯や義毛、義肢も特別の事が無ければプラスチック製になっています。

内臓パーツ

プラスチックは人間の体内にも進出しつつ

●メガネとコンタクトレンズ

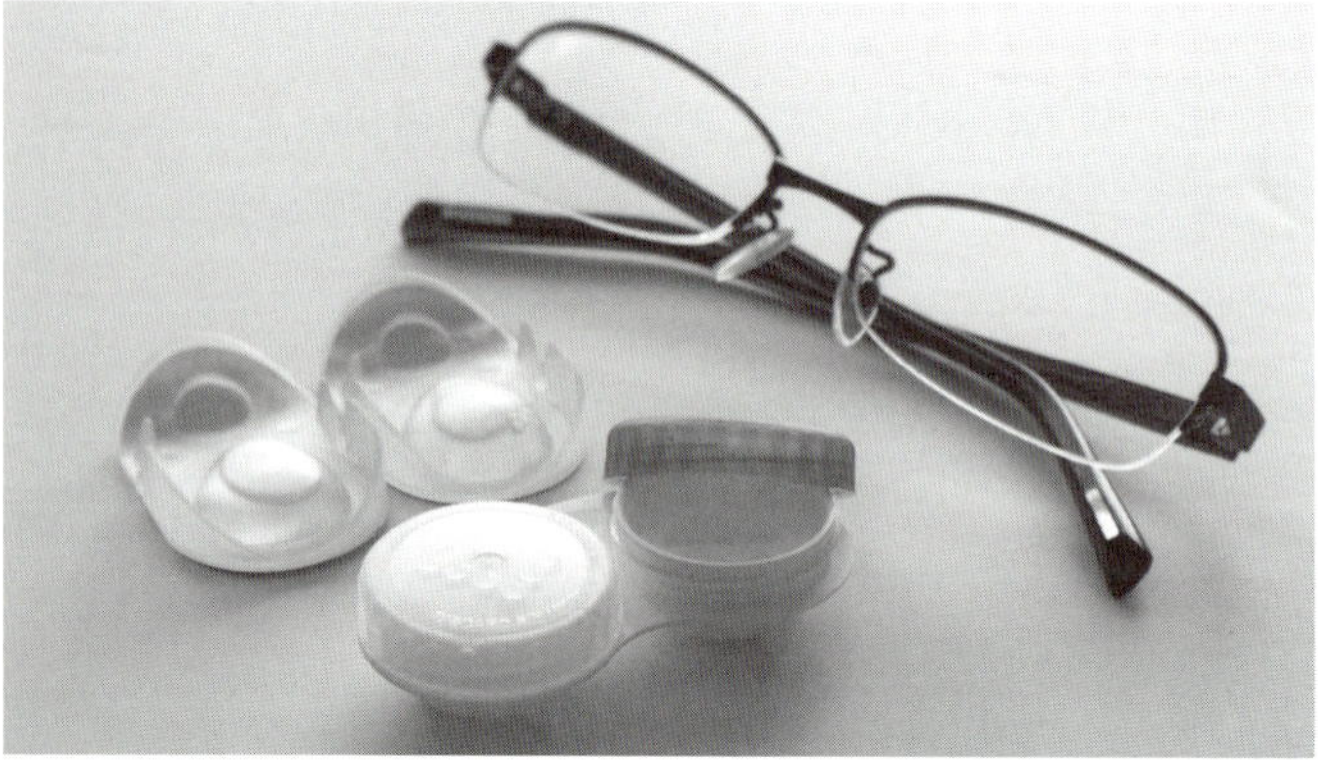

あります。手術で用いる縫合糸は、心臓や大動脈のように特別大きな機械的負担が掛かるところを除けば、多くは特別のプラスチック、生分解性プラスチックでできています。これは一定期間を過ぎると分解して無くなるため、抜糸のための手術が不必要なのです。

血管もプラスチックの物が普及しています。これは合成繊維を編んで作ったチューブにコラーゲンなどのタンパク質を付着させたもので、グラスファイバーと同様に、複合材料の一種です。人工関節は目下の所、金属性が主流ですが、ここでもプラスチック化の研究が行われており、近い将来、プラスチック製の人工関節が実用化されるでしょう。

●縫合糸

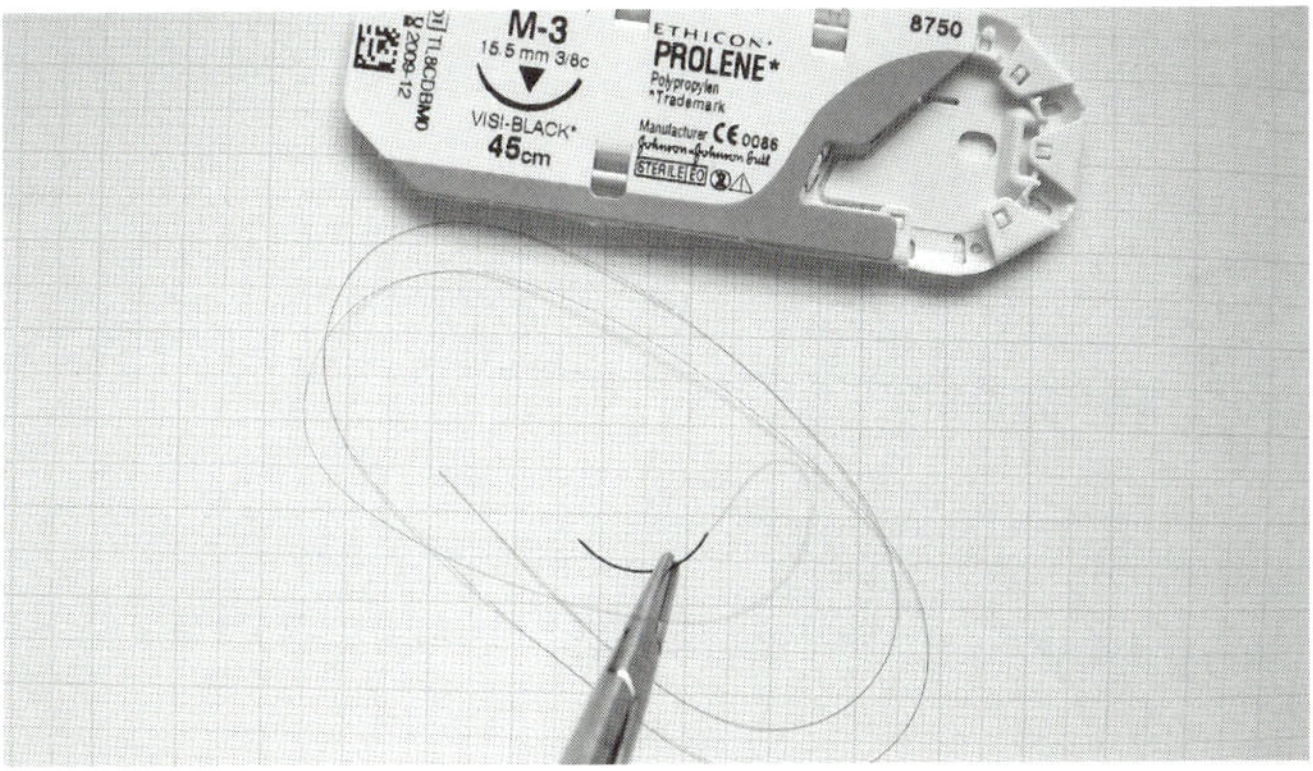

SECTION 03

プラスチックと高分子

プラスチックという言葉はどなたもご存知でしょうが、高分子という言葉はご存知ない方もいらっしゃるのではないでしょうか。あるいは、聞いたことはあっても、正確に答えることのできる方は多くはないのではないでしょうか。

高分子とプラスチック、なんとなく似た言葉として使われていますが、それぞれどのような意味を持っているのでしょうか?

高分子

高分子は「高い」「分子」と書きます。高分子は何が高いのでしょうか? それは簡単です。分子量が高い、すなわち大きいのです。分子量というのはその分子を構成する原子の原子量の総和のことを言います。一般に言う高分子を構成する原子は炭素C、水素H、酸素Oです。そして、それぞれの原子の原子量はC＝12、H＝1、O＝16です。それに対して高分子の分子量は数十万～数千万になります。つまり、高分子というのは数千～数十万の原子から出来た巨大分子と言うことになります。

高分子の構造

このような巨大な分子を作るためには、膨大な個数の原子が結合して複雑な構造を形成していると考えられるのではないでしょうか？

実際、そのような分子も存在します。その例が石炭です。石炭の構造は解析しようが無いほど複雑です。ライン川のようなヨーロッパの大河に固有な茶色の色素として知られるフミン酸も石炭同様の複雑な構造を持ちます。しかしこれらは「巨大分子」と呼ばれることはあっても「高分子」と呼ばれることはありません。

巨大な分子の中のある種の分子だけが高分子と呼ばれるのです。それでは、高分子と呼ばれる条件とは何でしょうか。それには次の2つがあります。

❶分子量の小さい単位分子(低分子)からできていること
❷単位分子は互いに共有結合で結合していること

つまり、高分子というのは鎖のような物なのです。鎖は多くの輪が繋がったものです。高分子も同じように、単位分子という輪がたくさん繋がって大きくなった物なのです。

スタオディンガー

20世紀の初頭、既に高分子は多くの単位分子からできていることは知られていました。しかし、低分子の集合体と高分子の間の関係に関しては次の2つの学説がありました。

❶高分子は多くの単位分子が「集合した」ものである
❷高分子は多くの単位分子が「共有結合した」ものである

当時の大多数の科学者は、❶を支持しました。しかしただ一人、ドイツの化学者スタオディンガーが❷を主張しました。スタオディンガーは自分の主張を掲げて譲りませんでした。彼は精力的に膨大な実験をこなし❷を裏付ける証拠を集めました。その結果ついに学会も❷を認めざるを得なくなったのです。

その功績によってスタオディンガーは、1953年にノーベル賞を受賞し、今日に至るまで「高分子の父」と称賛されています。

超分子

それでは、スタオディンガー以外の科学者は完全に間違っていたのかというと、どうもそうではないようです。当時は、2種類の巨大分子の区別がついていなかったのではないでしょうか。現代の知識を持って回顧すると、巨大分子には

●スタオディンガー

スタオディンガーが主張する❷型の分子と、多くの科学者が主張した❶型の分子が存在したのです。

スタオディンガーの主張は正しいです。たしかに現在、高分子として分類されるものは❷型の分子です。それでは❶型の分子は存在しないのかというと、とんでもありません。シャボン玉はもとより、細胞膜、ＤＮＡ、ヘモグロビン、各種酵素等々、生体を構成する重要分子の多くは❶型の分子です。現在では、❶型の分子は超分子とよばれ、科学の花形のような存在です。これに関しては本書の姉妹本『ＳＵＰＥＲサイエンス　分子マシン驚異の世界』『ＳＵＰＥＲサイエンス　分子集合体の科学』をご覧いただきたいと思います。

SECTION 04
高分子の種類

高分子は多くの単位分子が共有結合で結合した、鎖のような分子です。しかし、高分子には多くの種類があります。例えばポリエチレンは高分子です。合成繊維も高分子です。タンパク質もデンプンも、DNAも高分子です。味噌汁を入れるお椀もコンセント、ゴムも高分子です。これらはどのように違うのでしょうか?

高分子には多くの種類があり、それに応じて分類法も多彩です。ここでは最も一般的と思われる分類を見てみましょう。

天然高分子

自然界に存在する高分子です。詳しくは後のChapter.6で見ますが、簡単に言うと、主に植物体にあるデンプン、セルロース、ゴム、生物全般に存在するタンパク質、遺伝を支配するＤＮＡなどです。

合成高分子

合成高分子は、人間が人為的に作り出した高分子です。一般に高分子という場合には、こちらを指すことが多いです。合成高分子は、いくつかの種類に分けることができます。

❶熱可塑性高分子

加熱すると軟らかくなると言う普通の高分子です。これは、プラスチック（合成樹脂）と合成繊維に分けることができます。しかし、分子構造から見れば合成樹脂と合成繊維は同じ物と見ることもできます。これについては、Chapter.4で詳しく見ることにしましょう。

●高分子の種類

- 高分子
  - 天然高分子
  - 合成高分子
    - 熱可塑性高分子
      - 合成樹脂（プラスチック）
      - 合成繊維
    - 熱硬化性高分子
    - ゴム

❷熱硬化性樹脂

安価で透明なプラスチックのコップにお湯を入れると、コップが変形して持つのに困ることがあります。このプラスチックは熱可塑性樹脂です。しかし、家庭で使うお椀の多くはプラスチック製ですが。熱い味噌汁を入れても変形しません。フライパンの握りや鍋の取っ手も多くはプラスチック製ですが、これらも熱くなっても軟らかくはなりません。炎で熱すると木材のように焦げることはあっても、軟らかくなることはありません。このような高分子を「熱硬化性高分子」と言います。

❸ゴム

ゴムは、かなり特殊な高分子です。ゴムが発見されたのはゴムの木の樹脂であり、その意味では紛れもなく天然高分子です。ところがChapter.6で見るように、天然高分子の分子構造はあまりに単純です。

そのため、現在では天然高分子と全く同じ物が合成によって作られています。その意味で天然ゴムは、合成高分子とも言えます。さらに。ゴムの性質を持ち、さらに天然ゴムよりも優れた性質を持つ合成高分子が何種類も作られています。

また、ゴムは加熱しても軟らかくはなりません。その意味では熱硬化性樹脂の一種と言えそうですが、そうとも言えない部分もあります。

用途に応じた分類

今まで見た分類は、化学的に分子構造を土台とした分類法です。それに対して、高分子を材料、素材として使う立場の方の分類法があります。それは次のようなものです。

❶汎用樹脂(汎用プラスチック)

コップやバケツなどの一般民生用に使われるものを「汎用樹脂」と言います。性能は、いまひとつですが、大量生産されて安価と言う物です。ポリエチレン、塩化ビニル(エンビ)などが典型です。

●用途に応じた高分子の分類

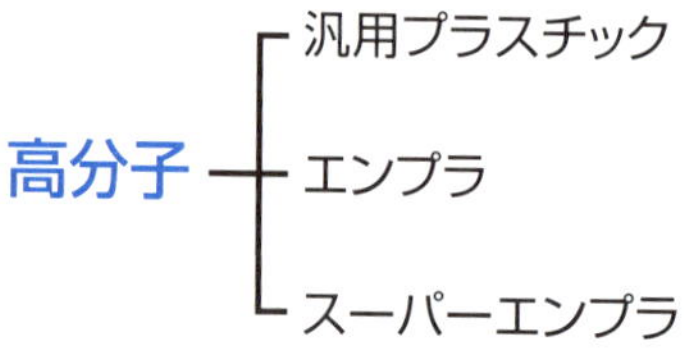

❷エンプラ

エンプラというのはエンジニアリングプラスチック、つまり工業用プラスチックのことを言います。これは熱可塑性高分子のうち、普通のプラスチックより硬く、かつ耐熱性の高いものを言います。ナイロンやペットなどが典型です。性能は高いけれども、その分、価格も高いのがエンプラです。

❸スーパーエンプラ

エンプラのうち、特に性能の高いものをスーパーエンプラとして区別することがあります。この中には、ハサミやナイフでも刃が立たず、防弾チョッキに用いられる物や、歯車、あるいは自動車のエンジンまわりに使われる物もあります。

SECTION 05

プラスチックって何？

これまで見たようにプラスチックは高分子の一種です。プラスチックと言う言葉は「可塑物」という意味で、ギリシア語のplastos（形成される）から来た言葉です。一般にプラスチックは、加熱すると軟らかくなって、任意の形に成形できる有機高分子を言います。つまり、天然物、合成物を問わないのです。そのため、樹脂と言われることもあります。これは松脂のような物です。

プラスチックの歴史

最初に合成されたプラスチックは1868年にできた、ニトロセルロースを樟脳《しょうのう》で可塑化したセルロイドでした。セルロイドは、象牙の代用品として開発された物で90℃に熱すると軟らかくなり、可塑性を持っていました。しかし、これは天然高分子のセルロースを原料とするので合成高分子とは言えません。

最初の合成高分子は、1907年に開発されたフェノール樹脂(ベークライト)とされています。そして、1921年にユリア樹脂(尿素樹脂)、1939年にメラミン樹脂などが開発されましたが、これらは全て熱硬化性樹脂であり、「プラスチック=可塑物」の定義には合わない物です。

熱可塑性高分子の開発

熱可塑性高分子の開発は、熱硬化性高分子に遅れ、1927年にアクリル樹脂が開発され、その後、さらにポリ塩化ビニル、ポリスチレンが開発されました。ナイロンが発表されたのは1936年のことでした。

現在では、プラスチックは日本語で「合成樹脂」と訳され、「樹脂」は可塑性のあることを意味します。そして分類としては熱可塑性高分子とされます。しかし、先ほど見たように、最初のプラスチックとされる物、および、高分子として初期に開発され、当時プラスチックと認識された物は、天然熱可塑性高分子(セルロイド)、熱硬化性高分子（フェノール樹脂、尿素樹脂、メラミン樹脂）であり、現在の定義とは異なります。

プラスチックの定義

現在でも、高分子の研究者の中には、熱硬化性樹脂をプラスチックと認めない方も見えます。しかし、一般人は、「プラスチックのお椀」、「プラスチックのコンセント」と呼び、熱硬化性樹脂もプラスチックの一種であると認識しているようです。

「プラスチックとは何？」と細かい所に神経を使うより、一般人が常識的に理解している所に従えば良いと言うことでしょう。

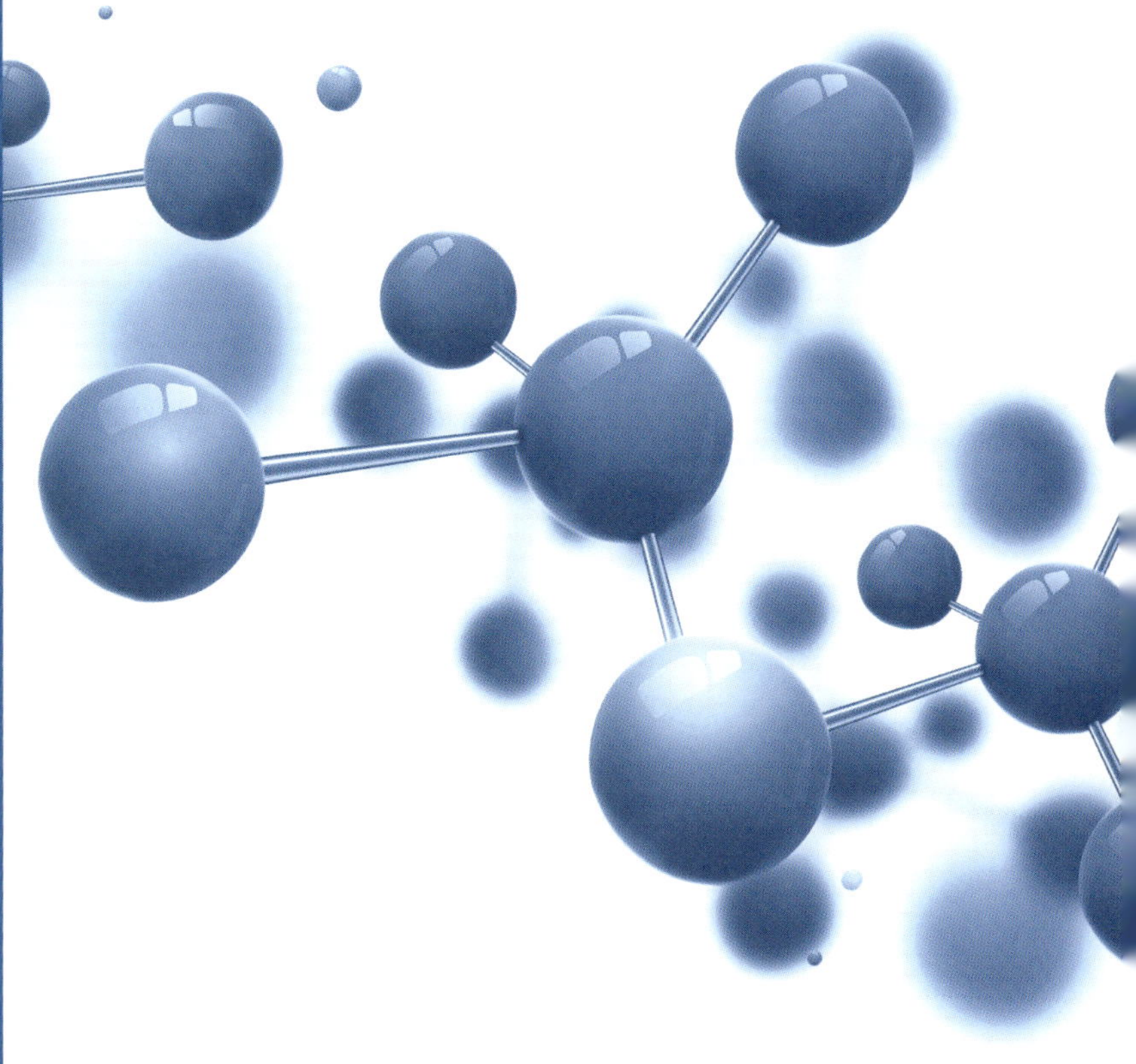

Chapter. 2
高分子の分子構造

SECTION 06

分子は原子が結合した物

高分子は「高」が付くものの、れっきとした分子です。全ての分子は原子が結合してできた構造体です。分子にはいろいろの種類がありますが、本書で扱うプラスチック、すなわち高分子は基本的に有機分子、有機化合物です。

有機分子は英語で「Organic Molecule」と言います。Organとは内臓、器官の意味であり、これからわかるように本来、有機分子は生体に由来する分子の事を言いました。しかし、現在の有機分子はもっと門戸が広くなり、「炭素を含む分子のうち、二酸化炭素CO_2などのように単純な構造でないもの」と考えられています。

結合の種類

分子は複数個の原子が結合してできた構造体ですが、結合には多くの種類があります。それを表にまとめました。

まず、原子を結合する「普通の」結合と、分子を結びつける「分子間力」に分けることができます。分子間力には水素結合やファンデルワールス力があります。これらは複数個の分子を寄せ集めて、より高次の構造体である超分子を構成する結合であり、最近注目されているものです。しかし、普通の結合に比べて弱い結合です。

原子を結びつける結合にはイオン結合、金属結合、共有結合などがあります。有機化合物を構成する結合は共有結合ですが、共有結合は複雑です。共有結合にはσ《シグマ》結合とπ《パイ》結合があり、それらが組み合わさって単結合や二重、三重結合を構成します。そして、単結合を飽和

●結合の種類

<table>
<tr><th></th><th colspan="4">結合名</th><th>例</th></tr>
<tr><td rowspan="5">原子間結合</td><td colspan="4">イオン結合
金属結合</td><td>NaCl、$MgCl_2$
鉄、金、銀</td></tr>
<tr><td rowspan="3">共有結合</td><td>σ結合</td><td>飽和結合</td><td>一重結合</td><td>水素、メタン</td></tr>
<tr><td rowspan="2">π結合</td><td rowspan="2">不飽和結合</td><td>二重結合</td><td>酸素、エチレン</td></tr>
<tr><td>三重結合</td><td>窒素、アセチレン</td></tr>
<tr><td colspan="4">配置結合</td><td>アンモニウムイオン</td></tr>
<tr><td>分子間結合</td><td colspan="4">水素結合
ファンデルワールス力
ππスタッキング
電荷移動相互作用
疎水性相互作用</td><td>水、安息香酸
ヘリウム、ベンゼン、
シクロファン
電荷移動錯体
界面活性剤</td></tr>
</table>

結合といい、二重、三重結合などを不飽和結合と呼びます。

本書で扱うプラスチック、高分子に関係した結合としては、イオン結合、共有結合が主なものです。共有結合は重要な結合ですので、後で詳しく見ることにして、ここではイオン結合の性質を見てみましょう。この結合は、イオン交換樹脂で重要な働きをするばかりでなく、高分子、しいては一般の有機分子の性質、結合性の理解に大きく影響してきます。

イオン結合

陽イオンと陰イオンの間にできる結合を「イオン結合」と言います。有機分子では、酢酸ナトリウム$CH_3COO^-Na^+$のように、有機物の陰イオン(CH_3COO^-など)と金属陽イオン(Na^+など)の間で形成されることが多いです。

●陽イオンと陰イオン

$$A - e^- \longrightarrow A^+$$

陽イオン

$$A + e^- \longrightarrow A^-$$

陰イオン

❶ イオン

原子は、電子を放出したり、取り入れたりすることができます。中性の原子Aが電子e^-を放出すると、原子は、マイナス電荷が足りなくなるので、プラスに荷電してA^+となり、これを「陽イオン」、あるいは「カチオン」と言います。反対に電子を取り入れるとマイナス電荷が過剰になってA^-となり、これを「陰イオン」、「アニオン」と言います。

❷ 電気陰性度

原子には、ナトリウムNaのように電子を放出して陽イオンNa^+になりやすいものと、塩素Clのように電子を受け取ってマイナスイオンCl^-になりやすいものがあります。原子がどの程度電子を受け取りやすいかの程度を表した指標を「電気陰性度」と言います。電気陰性度の数値が大きいものほど、電子を引き付けやすいことを意味します。

図は電気陰性度を周期表の順に並べたものです。周期表

●電気陰性度の周期性

H 2.1							He
Li 1.0	Be 1.5	B 2.0	C 2.5	N 3.0	O 3.5	F 4.0	Ne
Na 0.9	Mg 1.2	Al 1.5	Si 1.8	P 2.1	S 2.5	Cl 3.0	Ar
K 0.8	Ca 1.0	Ga 1.3	Ge 1.8	As 2.0	Se 2.4	Br 2.8	Kr

で右に行くほど、かつ上に行くほど電気陰性度が大きくなり、陰イオンになりやすくなっていることがわかります。これは有機物一般の性質、反応性を考える場合にも、高分子の性質を考える場合にも重要なヒントを与えてくれる指標です。

有機分子を構成する主な原子を電気陰性度の順に並べると、下の順になっています。これは覚えておくと、何かと便利です。

❸ イオン結合

陽イオンと陰イオンの間には静電引力が働きます。この引力を「イオン結合」と言います。典型的なものとしてナトリウムイオンNa^+と塩化物イオンCl^-の間に働いて塩化ナトリウム$NaCl$を構成する結合をあげることができます。

●電気陰性度の順

$$H < C < N = Cl < O < F$$

SECTION 07

有機分子を作る共有結合

陰陽両イオンの間に働くイオン結合に対して、電気的に中性な原子間に働いて両者を結びつける結合を「共有結合」と言います。共有結合は有機分子を構成する結合として、各種の結合の中でも特に重要なものです。共有結合の典型は水素分子を構成する結合です。水素原子から水素分子ができる過程を見てみましょう。

分子軌道

水素原子は1個の電子を持っていますがそれは1s軌道という軌道に入っています。2個の水素原子が近づくと、互いの1s軌道が接近し、やがて重なります。原子が結合距離に近づくと1s

●軌道の重なり

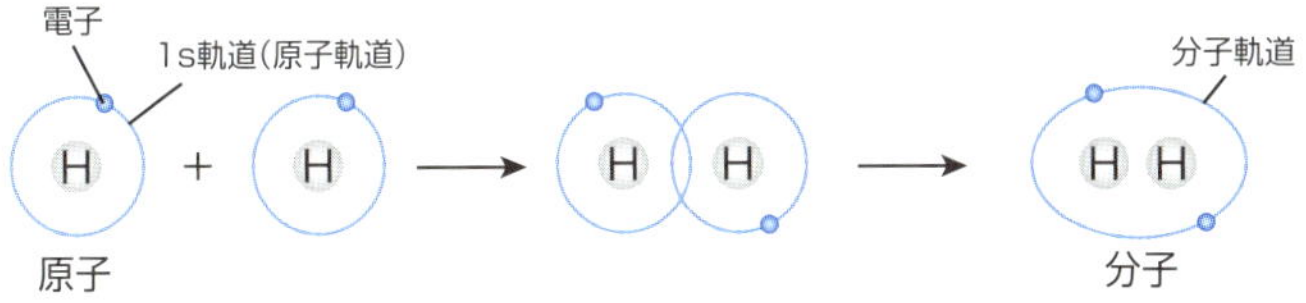

軌道は消滅して、2個の原子核の周りに新たな軌道ができます。この様子は2個のシャボン玉が融合して新たな大きなシャボン玉になる過程に似ています。

水素原子が持つ1s軌道や2s軌道などは、(水素)原子に付随した軌道なので特に原子軌道AO(Atomic Orbital)と言われます。それに対して今回新たにできた軌道は、(水素)分子に付随した軌道なのでとくに分子軌道MO(Molecular Orbital)と呼ばれます。

2個の水素原子に属したそれぞれ1個ずつの電子は水素分子生成後は、この分子軌道に入ることになります。

共有結合の実態

図は分子軌道に入った電子の電子雲の様子です。電子雲は主に2個の原子核の中間の領域に存在します。電子雲は

●電子雲の様子

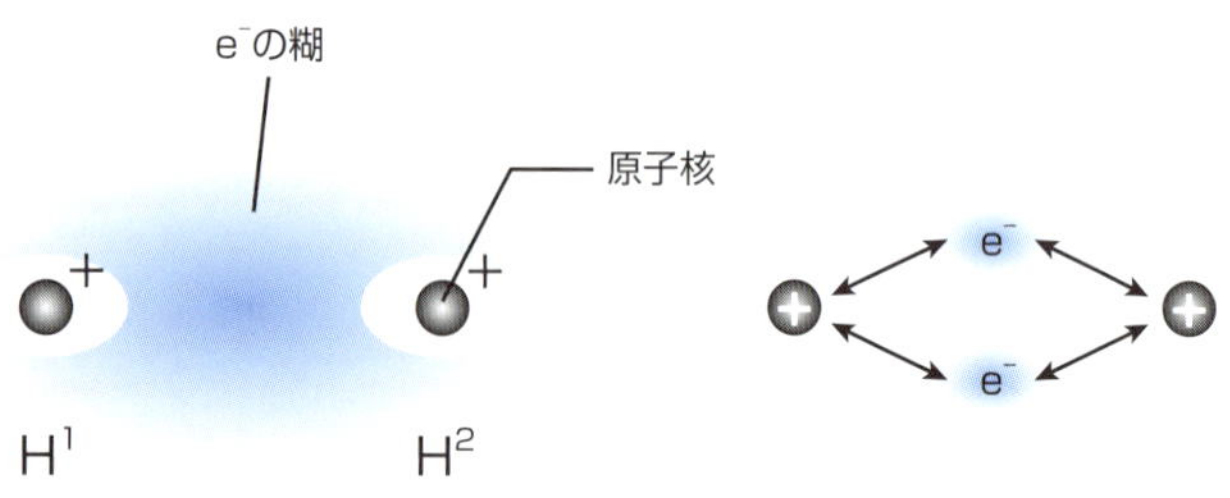

マイナスに荷電し、原子核はプラスに荷電しています。そのため、原子核と電子雲の間には静電引力が発生します。

この結果、2個の原子核は電子雲を仲立ちとして互いに寄り添うことになる、つまり結合して分子になることになります。そのため、この分子軌道に入った電子を「結合電子(雲)」と言うことがあります。これが共有結合の本質です。

結合のイオン性

共有結合は電気的に中性の原子の間で構成される結合ですが、共有結合が電気的に中性であるとは限りません。このことが有機分子に独特の性質と反応性を与えるのです。

図は水素分子H_2、フッ素分子F_2における結合電子雲の形を模式的に表したものです。いずれにおいても、紡錘形の結合電子雲は左右

●結合電子雲の模式図

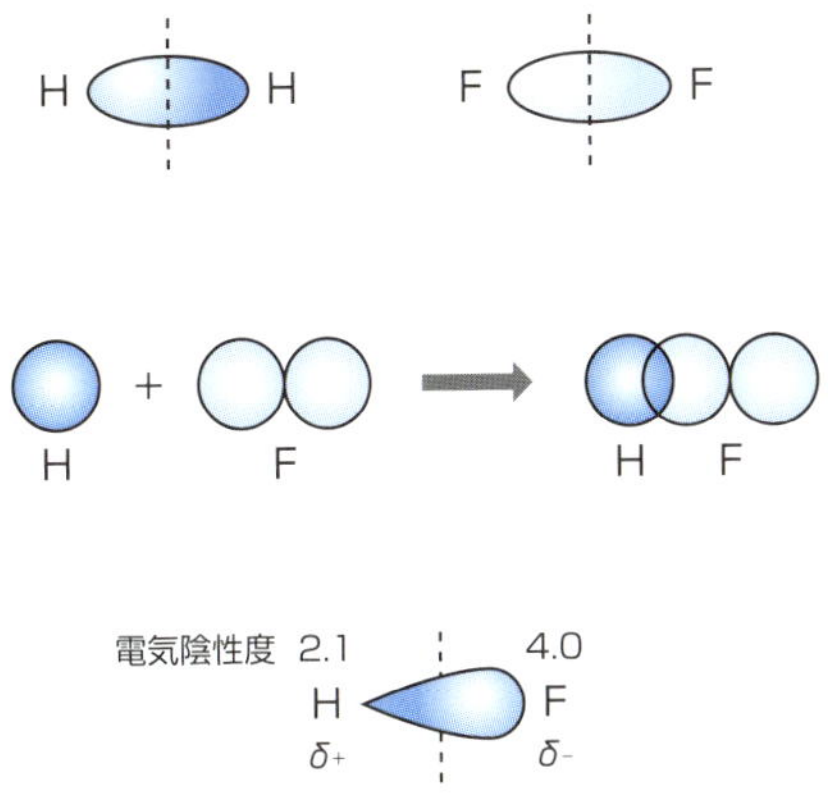

対称となっています。しかし、フッ化水素HFではどうなるでしょうか？　結合電子雲はFの側に広がり、左右不対称になっています。

これは電気陰性度の違いのせいです。すなわち水素（電気陰性度＝2.1）とフッ素（電気陰性度＝3.5）の電気陰性度を比べるとフッ素のほうが大きいです。そのため、結合電子はフッ素の方に引き寄せられて、このような形になったのです。

この結果、フッ素は電子が多くなったので幾分マイナスに荷電することになり、反対に電子を奪われた水素は幾分プラスになることになります。このような幾分かのプラスマイナスを「部分電荷」と呼び、記号δ+、δ−で表します。δ《デルタ》は0〜1の間の適当な値という意味です。

また、共有結合がこのようにイオン性を帯びることを「結合分極」と言い、結合分極した分子を「極性分子」あるいは「イオン性分子」と言います。

結合エネルギー

結合A－Bを切断して、元の原子A、Bに戻すために要するエネルギーを「結合エネルギー」と言います。結合エネルギーの大きい結合は安定で強い結合であり、結合エネルギーの小さい結合は弱く切れやすい結合です。

図にいくつかの結合の結合エネルギーを示しました。分子間力は大変に弱い結合であることがわかります。また、共有結合を比べると「単結合 ＜ 二重結合 ＜ 三重結合」の順に強くなることがわかります。そして、イオン結合はかなり強い結合であり、単短結合と二重結合の中間に相当することがわかります。

●結合エネルギー

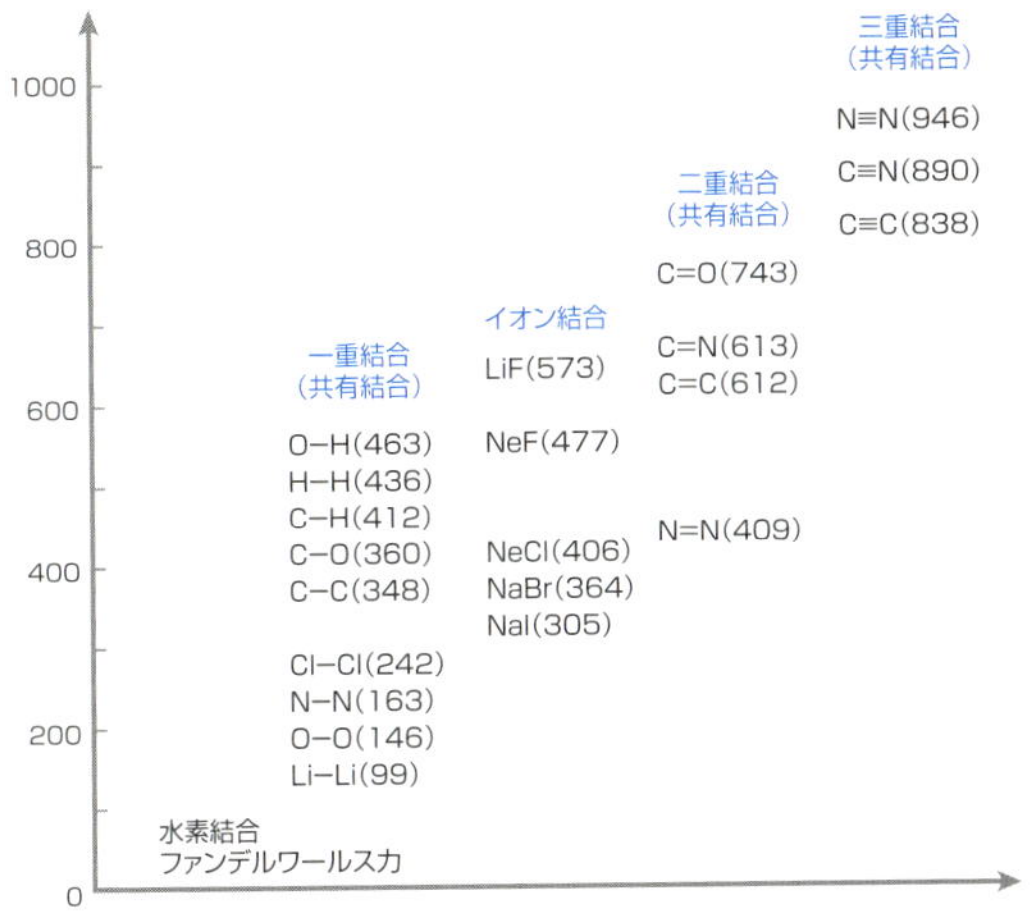

SECTION 08

高分子は分子が結合したもの

原子が結合して作ったもの、それが分子です。それでは高分子とは何でしょう?高分子は普通の分子とは違うものなのでしょうか。もし違うのならば、それは何が違うのでしょうか。

高分子と単位分子

高分子はもちろん、分子の仲間であり、原子が結合して作ったものです。しかし、普通の分子とは違います。変わっている点は、分子の大きさです。もっと簡単に言ってしまえば分子の長さです。

高分子に対して、水やアンモニアのような普通の分子は低分子と呼ばれることもあります。低分子と高分子の違いはその長さと大きさなのです。

高分子の最大の特徴は、基本的に同じ構造の低分子である「単位分子」がたくさん集まった構造だと言うことです。つまり、簡単な構造の「輪」がたくさん繋がった鎖のような構造であると言うことです。この輪が単位分子なのです。そして、高分子のもう一つの特徴は、この輪が互いに「共有結合」で結合しているということです。

単位分子の間には、普通の分子を構成するのと同じ強力な化学結合である共有結合が存在します。そのため、高分子に組み込まれてしまった単位分子は元の分子に戻ることは基本的に無理です。それでも、デンプンやタンパク質のような天然高分子は加水分解されれば元の単位分子のグルコース(ブドウ糖)やアミノ酸に戻ることができますが、ポリエチレンが元の単位分子のエチレンに戻ることは不可能です。

ポリエチレンの意味

高分子の最も典型的なものは、ポリエチレンでしょう。ポリエチレンの「ポリ」はギリシア語の数詞であり、意味は「たくさん」です。一般に高分子のことを「多量体」あるいは「ポリマー」と言いますが、ポリマーとは「たくさんのもの」という意味なのです。

それに対して「1個」のことは「モノ」と言います。ポリマーを作る単位分子は、分子1個の単量体であり、モノマーということになります

それではポリエチレンのエチレンとは何でしょう。これは分子の名前であり、二重結合を持った有機分子の中では最も簡単な構造、$H_2C=CH_2$の分子です。これが先に見た鎖の輪に相当するのです。

ですからポリエチレンという名前はそのものズバリ、「エチレンがたくさん集まったものである」ということを表します。つまり、ポリエチレンは高分子であり多量体であり、ポリマーなのです。それに対して、エチレンは低分子であり単量体であり、モノマーです。

ポリエチレンの構造

図はエチレン①からポリエチレン④ができる過程を表したものです。原子の結合は握手で表すとわかりやすいのですが、エチレンの二重結合は両手の握手と考えることができます。

エチレンの2個の炭素が互いに片方の握手を離すと、片方ずつの手をブラブラさせた②になります。この②が2個集まって手を繋ぐと③になります。このような過程が繰り返されるとポリチレン④になるのです。ポリエチレンでは炭素を繋ぐ線は1本であり、これを「単結合」と言います。1本の握手だけでできた結合という意味です。

ポリエチレンの両端の炭素は、本当は手を結ぶ相手がいないので、手をブラブラさせているはずです。しかし、反応系には水素を持った化合物(溶媒)がたくさんありますので、そこから水素をもらってくるものと考えられます。

●ポリエチレンの構造

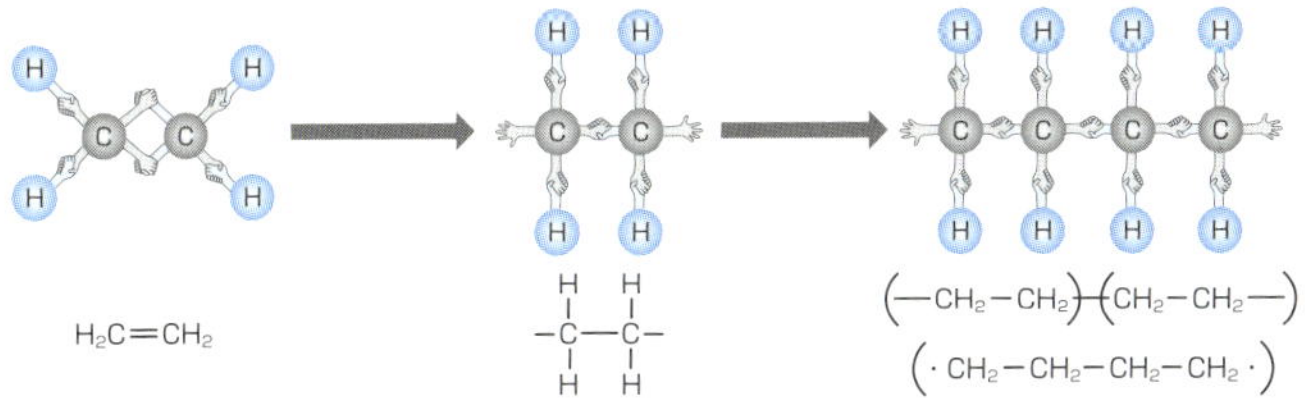

① エチレンモノマー　② ジラジカル　③ ダイマージラジカル

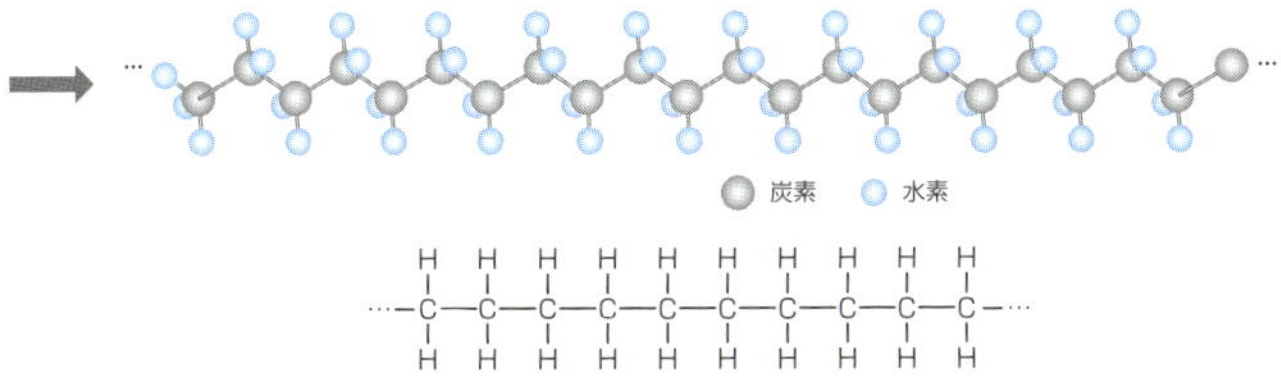

④ ポリエチレン

高分子は鎖のようなものと言った意味がおわかりになったのではないでしょうか？

ポリエチレンという鎖（高分子）はエチレンという簡単な輪（単位分子）がたくさん集まったものに過ぎないのです。

ポリエチレンの仲間

ポリエチレンはエチレン$H_2C=CH_2$というモノマーからできた高分子なので、（H_2C-CH_2）という単位構造がたくさん並んだものです。しかし、同時に（CH_2）という単位がたくさん並んだものと考えることもできます。

一般に炭素と水素だけからできた化合物を「炭化水素」と言います。炭化水素の基本的な化合物は石油類、すなわち、ガソリン、灯油、軽油などであり、これらは（CH_2）単位がいくつか並んだ構造をしています。石油製品の種類と、その炭素数を表にまとめてみました。すなわち、ポリエチレンは石油の兄弟なのです。ちょっと、成長し過ぎて大きくなりすぎた兄弟なのです。

ポリエチレンは多くのエチレンが結合したものですが、その結合の仕方は一様ではありません。それにしたがって、ポリエチレンにもいろいろの種類ができてきます。

違いは主に、「長い鎖か、短い鎖か？」「直鎖状か、枝分かれか？」の2点です。それに応じて、次のように分けることができます。そして、それぞれの形状に応じて、同じポリエチレンでも性質は異なってくるのです。

❶ 直鎖状で長さの揃ったもの
❷ 直鎖状で長さがまちまちのもの
❸ 枝分かれ状で枝の長いもの
❹ 枝別れ状で枝の短いもの

●炭素鎖の長さと分類

$CH_3 - CH_2 - CH_2 \cdots\cdots\cdots\cdots CH_2 - CH_3$

n	名前（沸点）	状態
1	メタン（天然ガス）	気体
2	エタン	
3	プロパン	
4	ブタン	
5〜11	ガソリン（30〜250）	液体
9〜18	灯油（170〜250）	
14〜20	軽油（180〜350）	
>17	重油	
>20	パラフィン	固体
数千〜数万	ポリエチレン	

SECTION 09

分子が集まるためには引力が必要

私たちが用いる高分子化合物、すなわち一般に言うプラスチックは、1個の分子だけでできているのではありません。膨大な個数の長大な分子鎖が集まった集合体、それがプラスチックです。プラスチックの性質に影響するものは1個の分子鎖の性質だけでなく、多くの分子鎖の集合状態もまた影響すると考えるのが当然です。実際に、同じ分子構造の高分子でも、その集合状態によって異なった物性を示すことはよく知られています。

分子間力

分子が集まるのは、分子の間に引力が働いているからです。この引力を一般に「分子間力」と言います。

節分の豆を机の上に山形にまとめて置いたらどうなるでしょう？　豆の山はいつまでも山のままではいません。ちょっとした振動でも崩れ、やがて机の全面に一層の豆層となって広がります。これは重力からいって当然のことです。

それでは、机の上に水を一滴垂らしたらどうなるでしょう？　水は水滴となって机の上に山形に広がります。その山の高さはどうでしょう？　無視できるほど低い？　いや、無視されては困ります。というのは、水滴の中に山と積み重なっているのは直径10^{-10}mほどの水分子だからです。山の高さは0.1mm＝10^{-4}mほどしかないかもしれません。しかし、それでも水分子の高さの10^{6}倍です。この水滴の中には水分子が100万層にもなって積み重なっているのです。

●分子間力

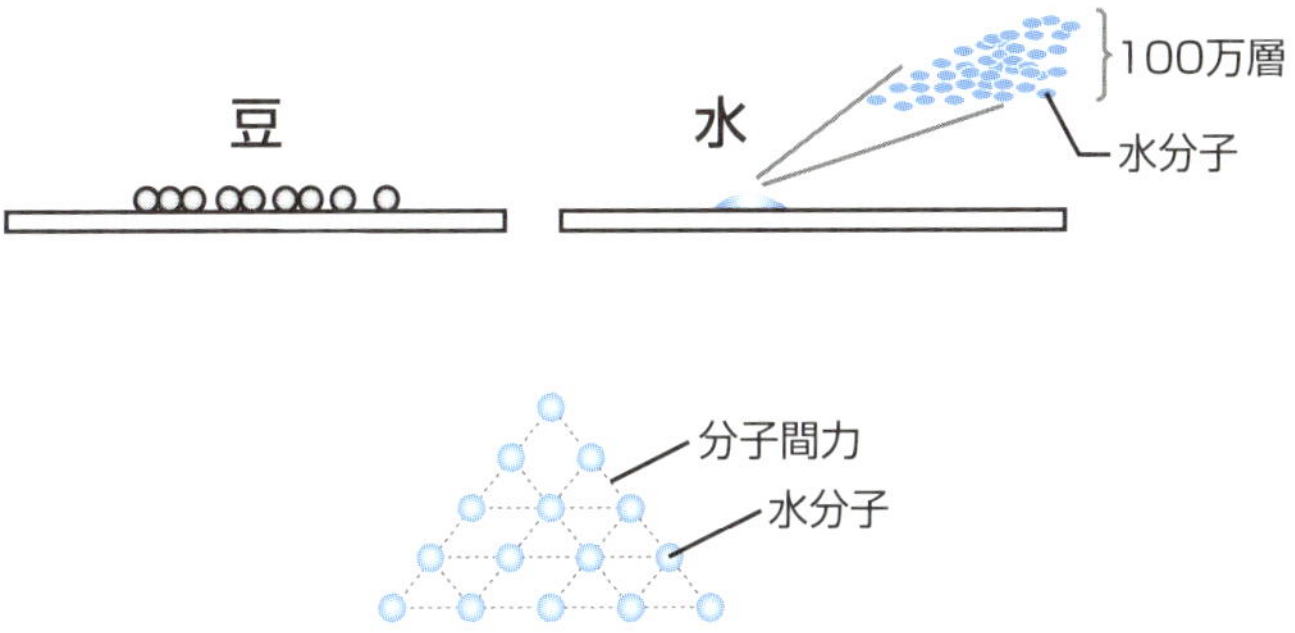

これは一般には表面張力と言われます。しかし、表面張力というのは現象につけられた名前に過ぎません。水が山と積みあがる現象の理由、原因については一言も説明していないのです。

豆は一層にしかならないのに、なぜ水分子は100万層にも積み重なるのでしょうか？　その原因が分子間力なのです。水分子の場合には、水分子の間に分子間力が働いていています。そのため、水分子は互いにスクラムを組んだように固まり、そのために崩れもせずに100万層にも積み重なることができるのです。

分子間力の種類

分子間力とは、分子を結びつけて水滴のような分子集合体にする力です。しかし、化学結合のように大きな力ではないので、一般に結合とは言わず、「分子間力」と言います。分子間力にはいろいろのものがありますが、高分子に関係ありそうなものを簡単に見ておきましょう。

水素結合

水素結合とは、水分子の間に働く分子間力で、分子間力の中で最も強いものの1つです。水分子を構成する酸素と水素の間で電気陰性度を比較すると酸素の方が大きいです。そのため、O－H結合は酸素がマイナス、水素がプラスに荷電します。この結果、2個の水分子が近づくと、両分子の酸素と水素の間に静電引力が働きます。この引力を水素結合と言うのです。水素結合はO－H結合だけでなく、N－H、S－H結合などの間でも働きます。

●水素結合

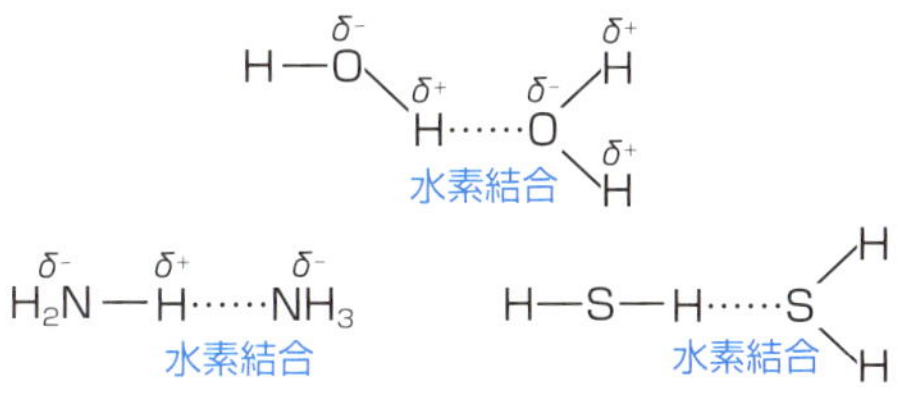

ファンデルワールス力

電気的に中性な分子の間にも働くファンデルワールス力は分子間力の典型的なものです。ファンデルワールス力は3つの要素に分けて考えることができます。

❶ 永久双極子ー永久双極子相互作用

水分子のように、分子内にプラスに荷電した部分とマイナスに荷電した部分を持つ分子を「極性分子」と言い、その極性を「永久双極子」と言います。

標題の相互作用は永久双極子のプラスとマイナスの部分の間の静電引力です。水素結合もこの一種と考えることができます。

❷ 永久双極子ー誘起双極子相互作用

永久双極子を持たない中性分子に、永久双極子を持った分子が近づくと、中性分子の電子雲が双極子の影響を受けて変形します。その結果、中性分子にも双極子が現れます。これを「誘起双極子」と言います。標題の相互作用は、このようにして現れた誘起双極子と永久双極子の間の静電引力です。

●永久双極子相互作用

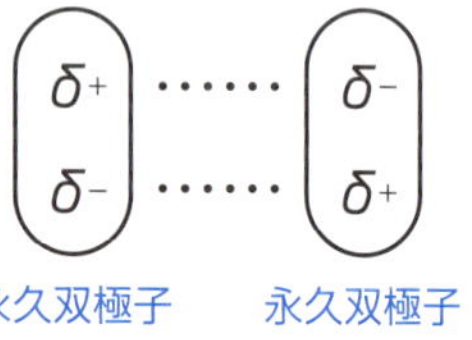

●誘起双極子相互作用

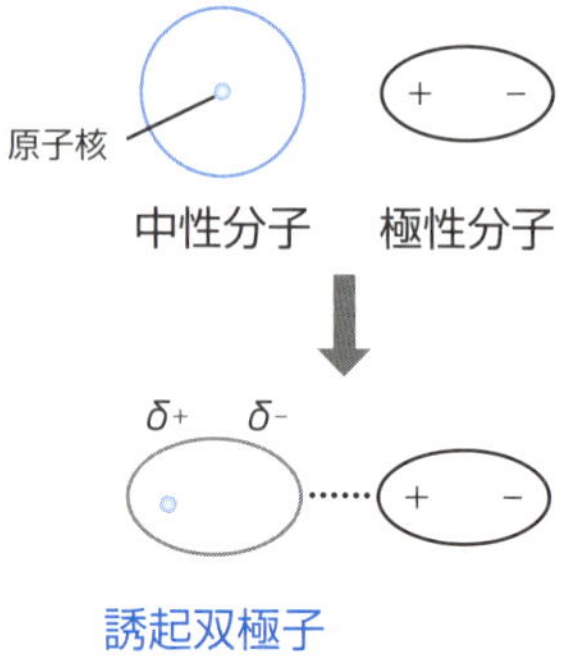

❸分散力

双極子を持たない分子間に現れる引力であり、最も分子間力らしい引力と言えるでしょう。

電子雲の中心に原子核があれば、原子は電気的に中性です。しかし、電子雲はフワフワと漂い、揺らいでいます。そのため、瞬間的に電子雲が偏ることがあります。すると原子に瞬間的な極性が現れます。すると、その極性に惹かれて隣の原子に誘起双極子が現れます。その結果、この2個の原子の間に静電引力が表れます。これが分散力です。分散力は泡のように現れては消える瞬間的なものですが、分子集団全体としては大きなものとなります。

なお、ファンデルワールス力は近距離でしか効果が無く、その大きさは距離の6乗に反比例することが知られています。

●分散力

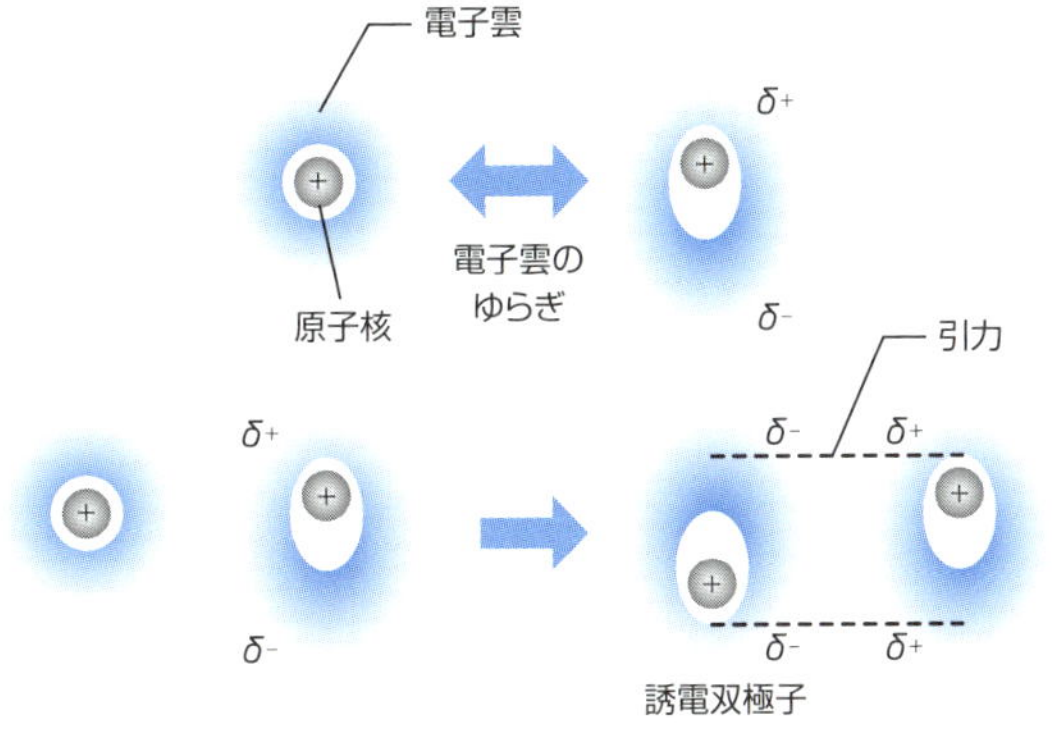

SECTION 10

高分子の高次構造

集合体としてのプラスチックを作る高分子鎖の間には、分子間力が働いています。その結果、高分子鎖は分子集合体としての構造を示すことになります。このように分子が示す立体的な構造の事を「立体構造」と言います。それに対して、単位分子の結合様式を示した構造を平面構造と言うことがあります。

基本構造

分子集合体が示す構造の基本になる構造として「房状構造」「ラメラ構造」「スーパーヘリックス構造」などがあります。

❶房状構造

直線状の高分子が何本か集合した構造です。図で見るように、中央の揃った部分と、その両端の房状の部分とからなります。

❷ラメラ構造

折りたたまれた構造の高分子鎖が何本か集合して作った規則的構造です。山の部分と谷の部分で揃っています。

❸スーパーヘリックス構造

何本かのヘリックス(らせん)構造高分子鎖が集合して作った規則的構造です。最もよく知られたものはＤＮＡの二重ラセン構造です。

●分子集合体が示す構造

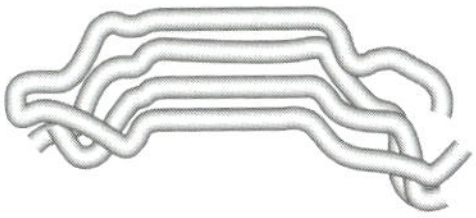

房状構造

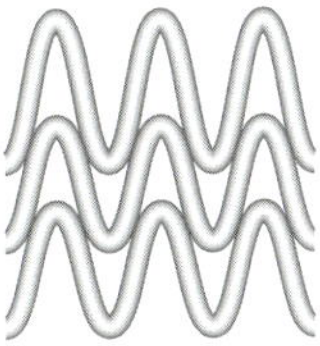

ラメラ構造

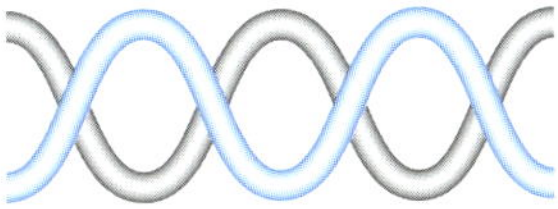

スーパーヘリックス
(二重らせん)構造

高分子の集合状態

図は普通のプラスチックにおける高分子鎖の集合状態を模式的に表したものです。

❶結晶領域

図には高分子鎖が平行になり、密に集まっている場所と、不規則でまばらに集まっている場所があります。前者を「結晶領域」、後者を「非晶領域」と言います。結晶領域では分子間隔が狭く、かつ平行なため、長い距離に渡ってその間隔が保持されます。その結果、分子間に分子間力が強く働き、分子間距離はますます近づき、分子間力もさらに強くなるという正の相乗効果が働きます。

このようになると、分子間に小さい分子が入り込

●高分子鎖の集合状態

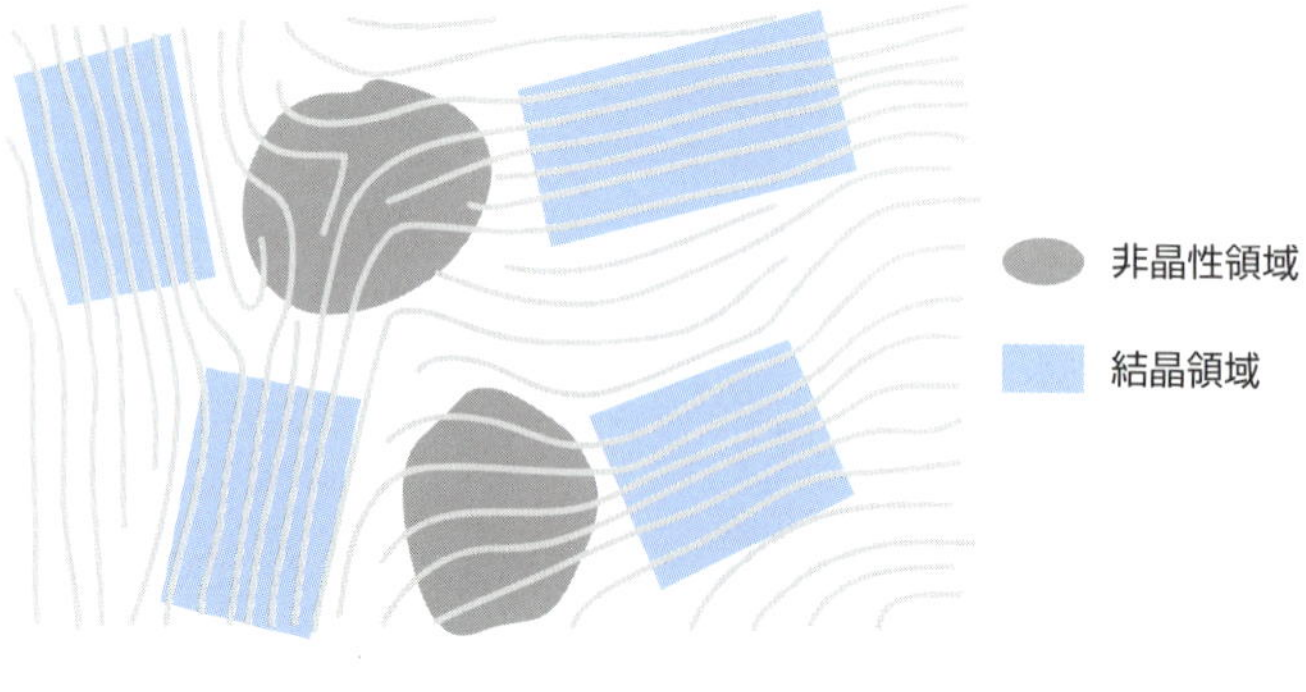

む余地が無くなります。このことは、結晶領域の分子は化学物質に対する透過性が無くなり、耐薬品性が向上するということを意味します。さらに、毛利元就の三本の矢の故事に倣うまでも無く、物理的、機械的な強度も強くなります。

❷ 非晶領域

それに対して非晶性領域では分子間に規則性は無く、分子間距離も大きいです。これはこの高分子鎖の間を小さな分子が自由に出入りできることを意味します。結果としてこのような部分の多いプラスチックフィルムは匂い分子を自由に通すことになるので、防臭機能が無いことになります。また、溶媒分子や有害分子なども入りやすいので、溶けやすく、耐薬品性も低いことになります。

❸ アモルファス

一般に低分子の固体は結晶となります。結晶と言うのは図に示したように、分子あるいは原子が三次元に渡って規則的に積み上がった状態です。それに対して、固体ではあるが規則的な結晶ではないという状態は非晶質固体、あるいはアモルファスと言われます。

　アモルファス状態はプラスチックだけではなく、他にもあります。最もよく知られたものはガラスです。ガラスの主成分は二酸化ケイ素SiO_2です。二酸化ケイ素は結晶であり、それは石英、あるいは水晶としてよく知られています。ガラスも水晶と同じ二酸化ケイ素ですが、分子の集合状態が違い、結晶ではありません。言ってみれば液体状態で固まった物です。それがアモルファスなのです。

高分子の種類と結晶性の割合

　図は高分子の製品としての種類と、そこに占める結晶領域の割合を示したものです。最も少ないのはゴムであり、最も多いのが繊維（合成繊維）です。

●結晶とアモルファス

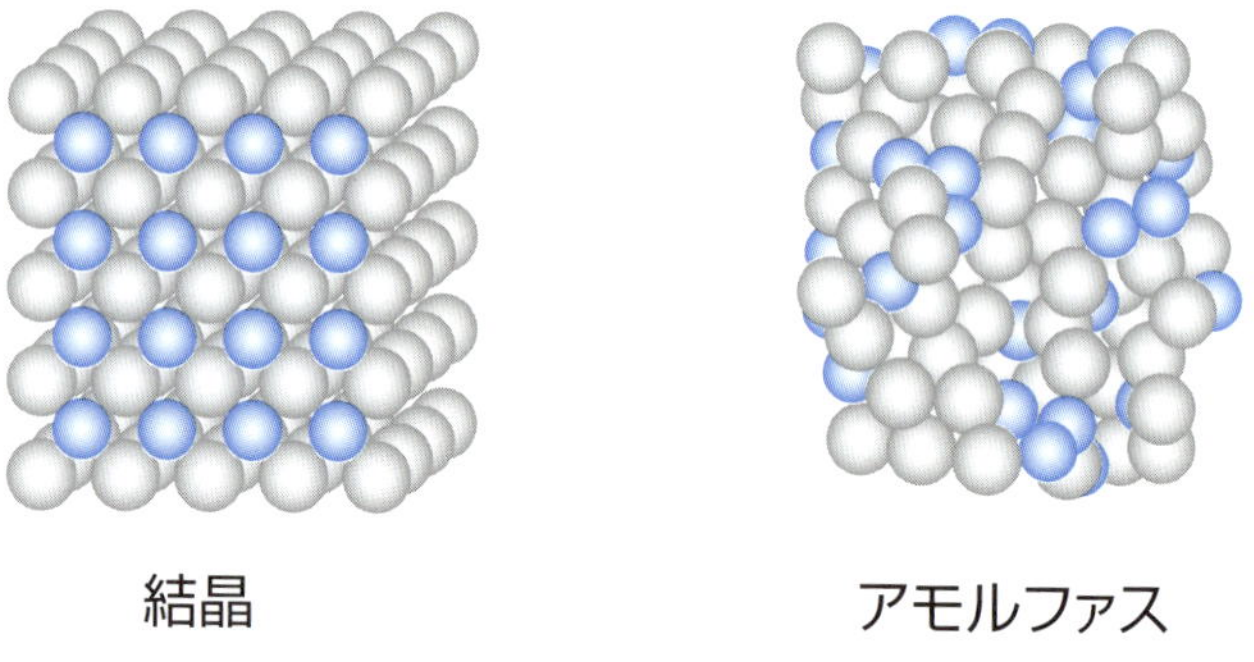

ペットボトルのペットPET(polyethileneterephthalate)と、洋服の生地などに使われるポリエステル繊維は、化学的には同じ構造の分子でできています。しかし、プラスチックであるペットボトルに熱湯を入れたら、変形はしないまでも、軟らかくなります。ところが、繊維であるポリエステルは、百数十度のアイロンかけに耐えます。

これが結晶性の強さであり、化学的には全く同じ分子が集合状態の違いによって大きな性質の違いを持つことになるという良い例です。

●結晶領域の割合

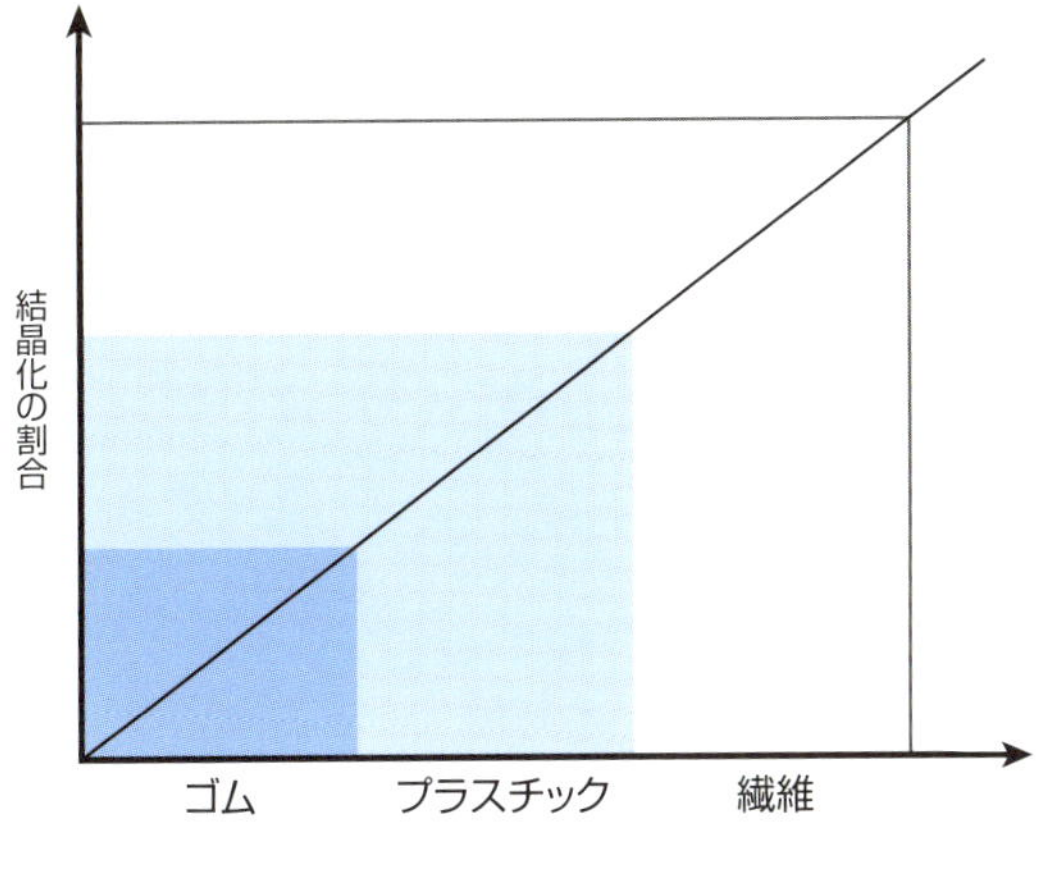

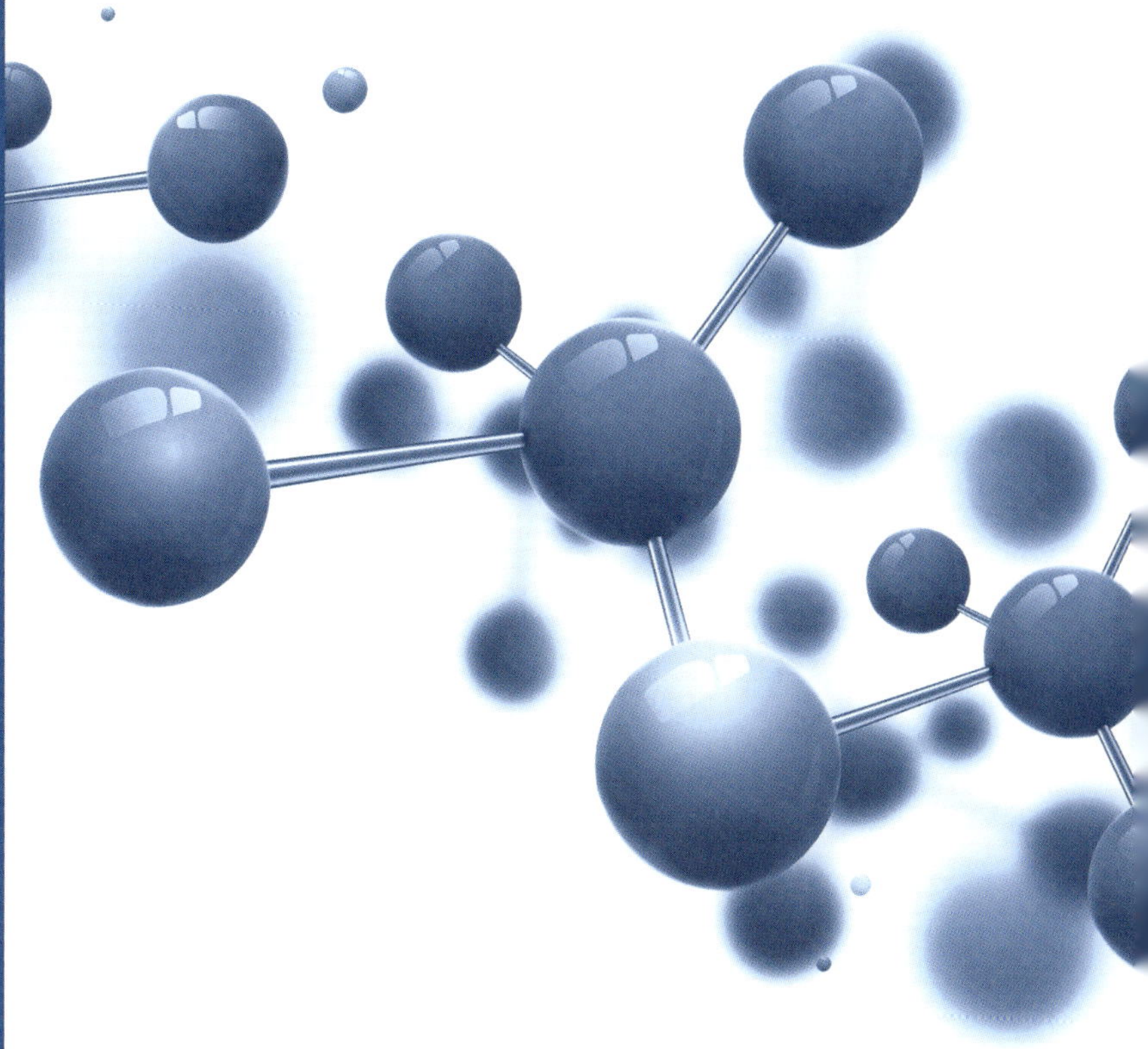

Chapter. 3
高分子の作り方

SECTION 11

高分子を作る反応

高分子は非常に長い分子です。しかし、その構造は決して複雑ではなく、むしろ単純なものです。その理由は、高分子は単純な構造をした小分子である単位分子が多数結合したものであるからです。単位分子の種類はポリエチレンのように、ただ1種類（エチレン）のこともあればタンパク質のアミノ酸のように20種類もあることもあります。

このような単位分子は、どのように結合されているのでしょう。また、その結合はどのようにして生成されるのでしょうか。それは高分子の合成法を明らかにすることにもなります。

高分子の結合

高分子は単位分子が共有結合で結合したものです。共有結合にもいろいろあるように、高分子において単位分子をつなぎ合わせる結合もいろいろあります。ポリエチレンのように単純なC－C結合のこともあれば、PETなどのポリエステルのようにエステル結合のこともあります。他にもタンパク質やナイロンのようにアミド結合（タンパク質の場合には特にペプチド結合と言う）のこともあれば、デンプンやセルロースなどの多糖類のようにエーテル結合のこともあります。

反応の種類

高分子を作る反応といっても特別の反応があるわけではありません。普通の有機化学反応を利用するだけです。それにしても、高分子合成の場合には同じ反応が延々と繰り返されることになります。そこに特徴があると言えばあることになるでしょう。高分子合成に用いられる反応の種類を図に示しました。

高分子合成に使われる反応を反応機構（反応の進み方）の観点から分類すると、連鎖反応と逐次反応（多段階反応）に分けることができます。

❶連鎖反応

連鎖反応は反応が連続して起こるものであり、最初の1回の反応が開始されるとその後は止まることなく、最後まで一挙に突っ走る反応のことです。したがって、途中生成物である中間体を単離することはできません。

❷逐次反応

数種類の単位分子からできる高分子合成に用いられる反応です。AとBが反応してABとなり、そこにさらにAが反応してABAとなり、次にABABになる、と言うように、各段階ごとに反応が完結しているものです。

●高分子を作る反応の種類

- 連鎖反応
  - 重合反応
    - ラジカル重合
    - イオン重合
      - カチオン重合
      - アニオン重合
    - （リビング重合）
    - 配位重合
    - 開環重合
  - 共重合反応
- 逐次反応
  - 重付加反応
  - 重縮合反応
  - 付加縮合重合

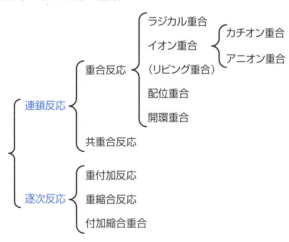

SECTION 12 連鎖重合反応

ポリエチレンやポリスチレンのように、同じ単位分子を結合して高分子を作る場合には連鎖反応を用います。連鎖反応には重合反応と共重合反応がありますが、重合反応はポリエチレンを作る反応であり、高分子を作る代表的な反応です。ここでは重合反応の基礎的なものを見てみましょう。

ラジカル重合

開始剤としてラジカルを用いると、活性点がラジカル電子となった重合反応が進行します。このような反応を「ラジカル重合」と言います。

スチレン④が重合してポリスチレン⑥になる反応を見てみましょう。まず、反応開始剤である分子①が分解して②となります。②は不対電子を持っていますが、この電子はラジカル電子とも言われ、ラジカル電子を持っている分子を一般に「ラジカル」と言います。

ラジカル②が③を攻撃すると活性中間体であるラジカル④となり、これがさらに③を攻撃して⑤になるというように、反応は次々に連続して進行していきます。そして最後に2分子の⑤が結合するとラジカル電子は結合電子となって消失し、最終生成物のポリスチレン⑥になるわけです。

●ラジカル重合

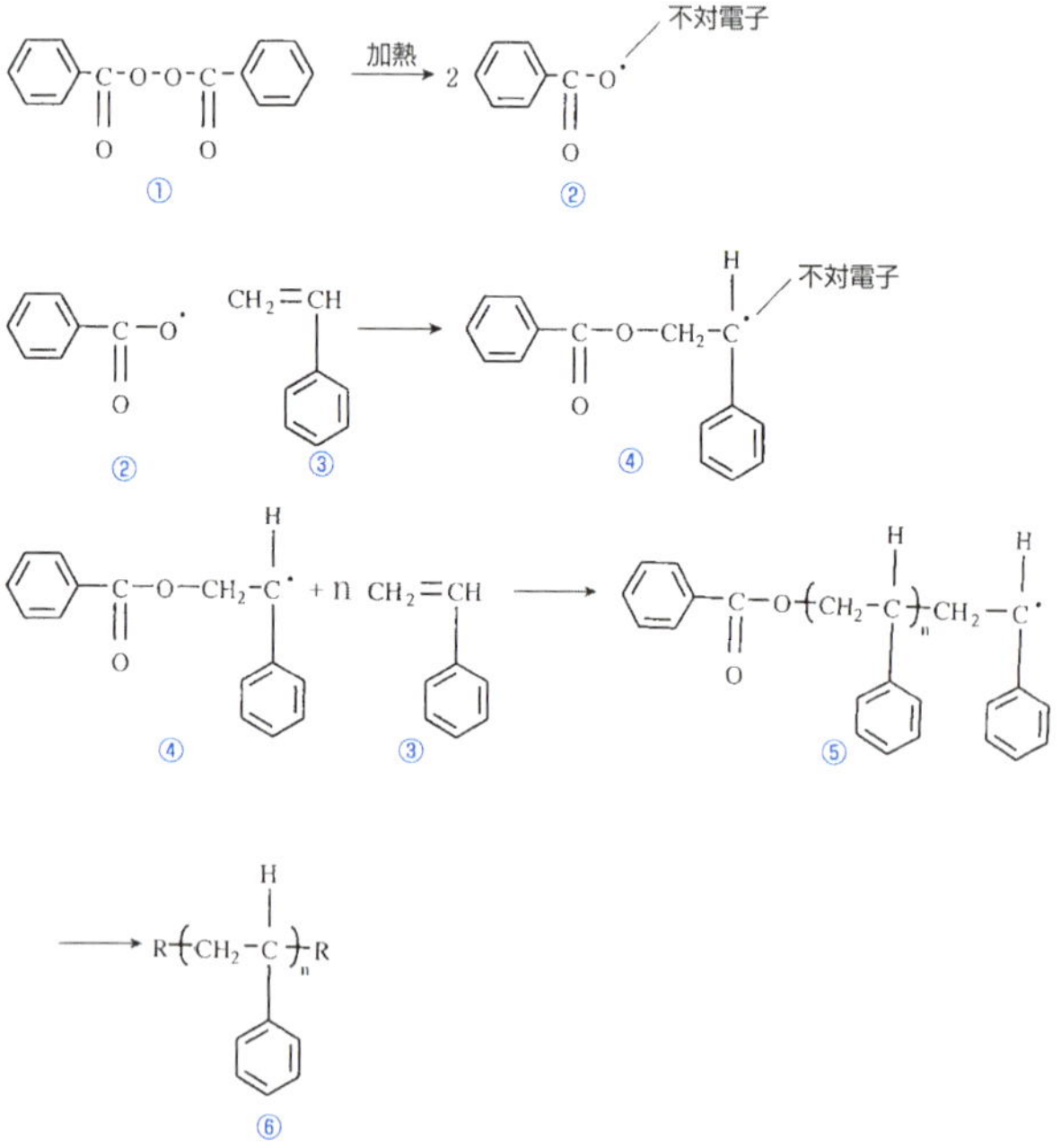

Chapter.3 ◆ 高分子の作り方

イオン重合

イオン重合には活性種がカチオン(陽イオン)であるカチオン重合と、アニオン(陰イオン)でありアニオン重合があります。

❶ カチオン重合

活性種が水素イオンエ$^+$単位分子がエチレン誘導体(ビニル誘導体)②のケースで考えてみましょう。置換基Yを電子供与基とすると、②には図に示したような電荷分布が現れます。この結果エ$^+$は②の負に帯電した

● カチオン重合

$$H^+ + \underset{Y^{\delta+}}{\overset{\delta-}{CH_2}=CH} \longrightarrow H-CH_2-\underset{Y}{\overset{H}{\underset{|}{C}}}{}^+$$

① ② ③
Y：電子供与基

$$CH_2=CH \longrightarrow H\!-\!\!\left(\!CH_2\!-\!\underset{Y}{\underset{|}{CH}}\!\right)\!\!\left(\!CH_2\!-\!\underset{Y}{\underset{|}{\overset{+}{C}}}\!H\!\right)$$

$$H-CH_2-\underset{Y}{\overset{+}{\underset{|}{C}}}H$$

規則的
$$\longrightarrow H\!\!\left(\!CH_2\!-\!\underset{Y}{\underset{|}{CH}}\!\right)\!\!\left(\!CH_2\!-\!\underset{Y}{\underset{|}{CH}}\!\right)\!\!\left(\!CH\!-\!\underset{Y}{\underset{|}{CH}}\!\right)\!\!\left(\!CH_2\!-\!\underset{Y}{\underset{|}{CH}}\!\right)$$

不規則的
$$\left(H\!\!\left(\!CH_2\!-\!\underset{Y}{\underset{|}{CH}}\!\right)\!\!\left(\!CH\!-\!CH_2\!\right)\!\!\left(\!CH\!-\!CH_2\!\right)\!\!\left(\!CH_2\!-\!\underset{Y}{\underset{|}{CH}}\!\right)\right)$$

69

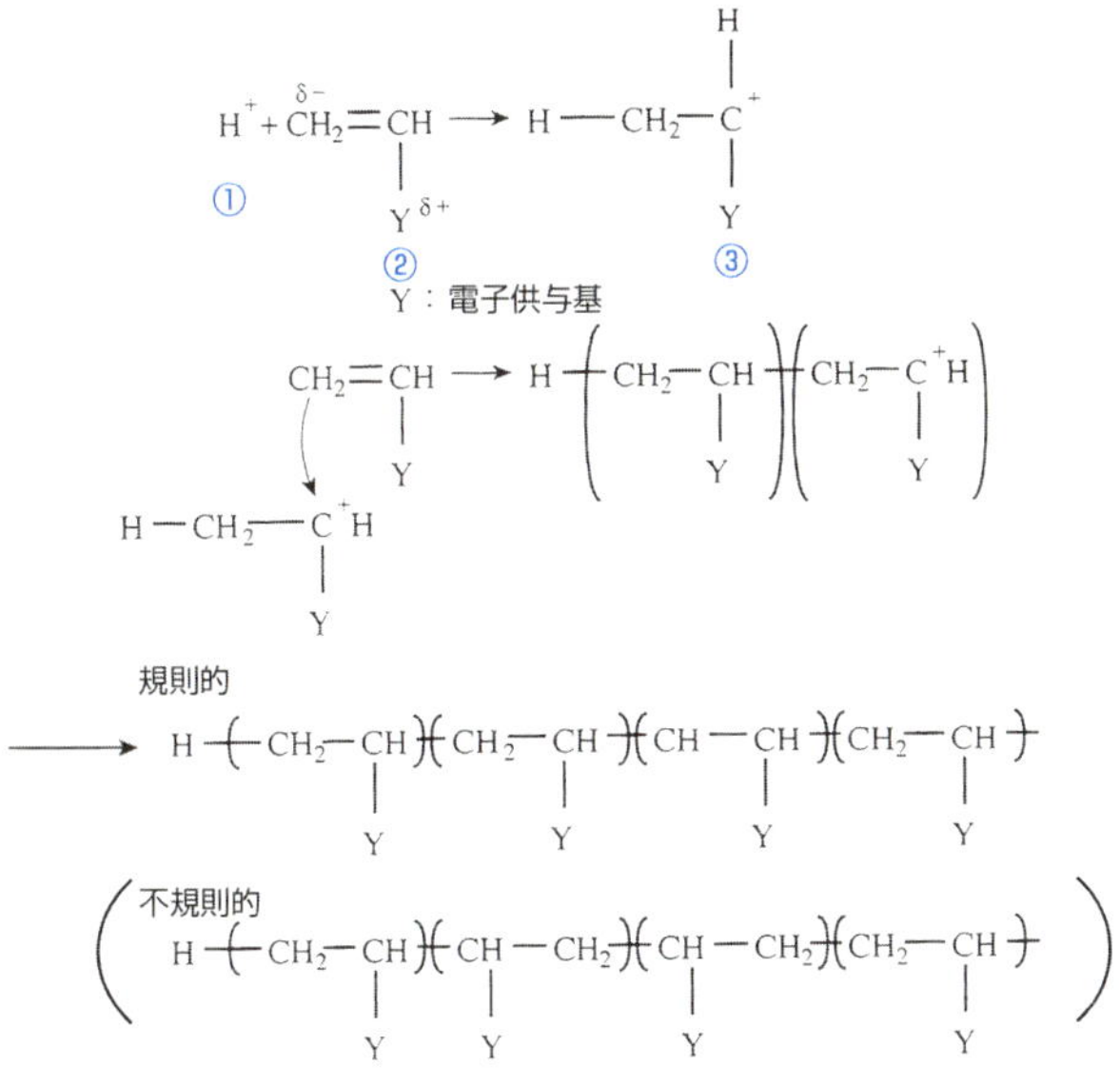

部分、すなわち置換基の付いていない炭素を優先的に攻撃し、カチオン中間体③を生成します。

この中間体③はまた②の電子リッチな炭素を攻撃することになります。このような反応が繰り返される結果、高分子における単位分子②の並び方には規則性が現れることになります。

❷アニオン重合

アニオン重合の場合には反応を開始する活性種がアニオン④となります。ビニル誘導体⑤の置換基Xを電子求引基とすると、⑤における電荷分布は図のようになります。この結果、活性種は正に荷電した炭素を攻撃し、発生したアニオン中間体⑥はまた、⑤の同じ炭素を攻撃します。

この結果、カチオン重合と同様にアニオン重合においても生成物には規則性が現れることになります。

●アニオン重合

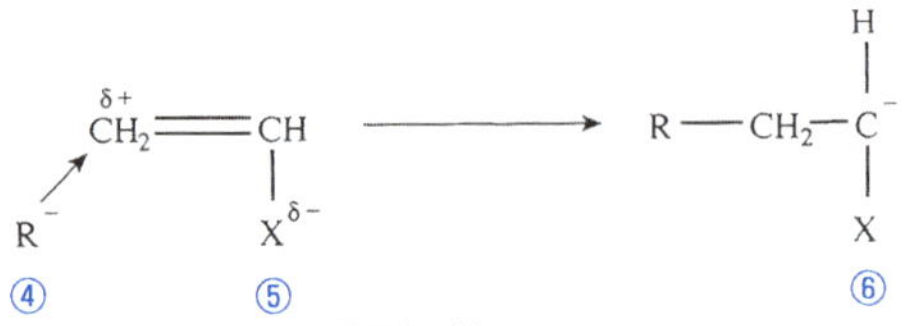

X：電子求引基

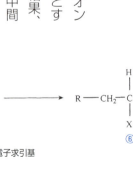

SECTION 13

共重合反応

異なる単位分子の間で起こる重合反応を「共重合反応」と言います。多くの有用な高分子が共重合反応で合成されています。

共重合

複数種類の単位分子が重合してできた高分子を一般に共重合体「コポリマー」と言います。コポリマーには各単位分子（○と●）が高分子全体に混合したものと、ある部分は○が連続し、ある部分は●が連続とブロックごとに構造の違うものの2種類があります。ここでは前者の例を見ていくことにしましょう。このような構造の高分子の例を表にまとめました。

●コポリマーの種類

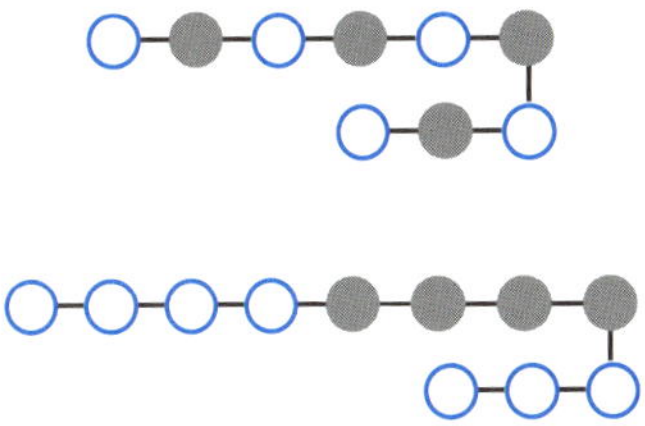

❶合成ゴム

天然ゴム(合成イソプレンゴム)やブタジエンゴムなどは、それぞれイソプレン、ブタジエンという単一単位分子からできていますが、SBR、NBRなどは2種類の単位分子からできています。表にはスチレン(S)とブタジエン(B)からできたゴム(Rubber)であるSBRの例を示しました。

●コポリマーの例

❶ 合成ゴム SBR	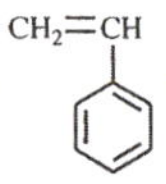 / $CH_2{=}CH{-}CH{=}CH_2$
❷ 耐衝撃性 プラスチック	$CH_2{=}CH{-}Cl$ / $CH_2{=}CH{-}CO_2H$
❸ コンタクト レンズ	$CH_2{=}C(CH_3){-}CO_2CH_3$ $CH_2{=}C(CH_3){-}CO_2CH_2CH_2OH$ 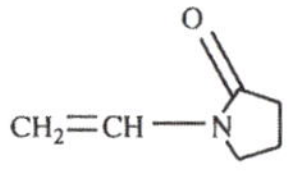

❷耐衝撃プラスチック

塩化ビニールとアクリル酸からできたコポリマーは衝撃に強いことで知られています。

❸ コンタクトレンズ

コンタクトレンズの材料に使われる高分子は透明性、屈折性という光学的性質の他に生体親和性や酸素透過性などという生理的な性質が求められます。図に示した3成分からなるコポリマーは良い成績を上げています。

立体構造制御反応

プロピレンを重合させたポリプロピレンには図に示したような3種類の立体異性体が考えられます。

すなわち、メチル基の配向に注目すると、全てのメチル基が同じ方向を向いたイ

●ポリプロピレンの3種類の立体異性体

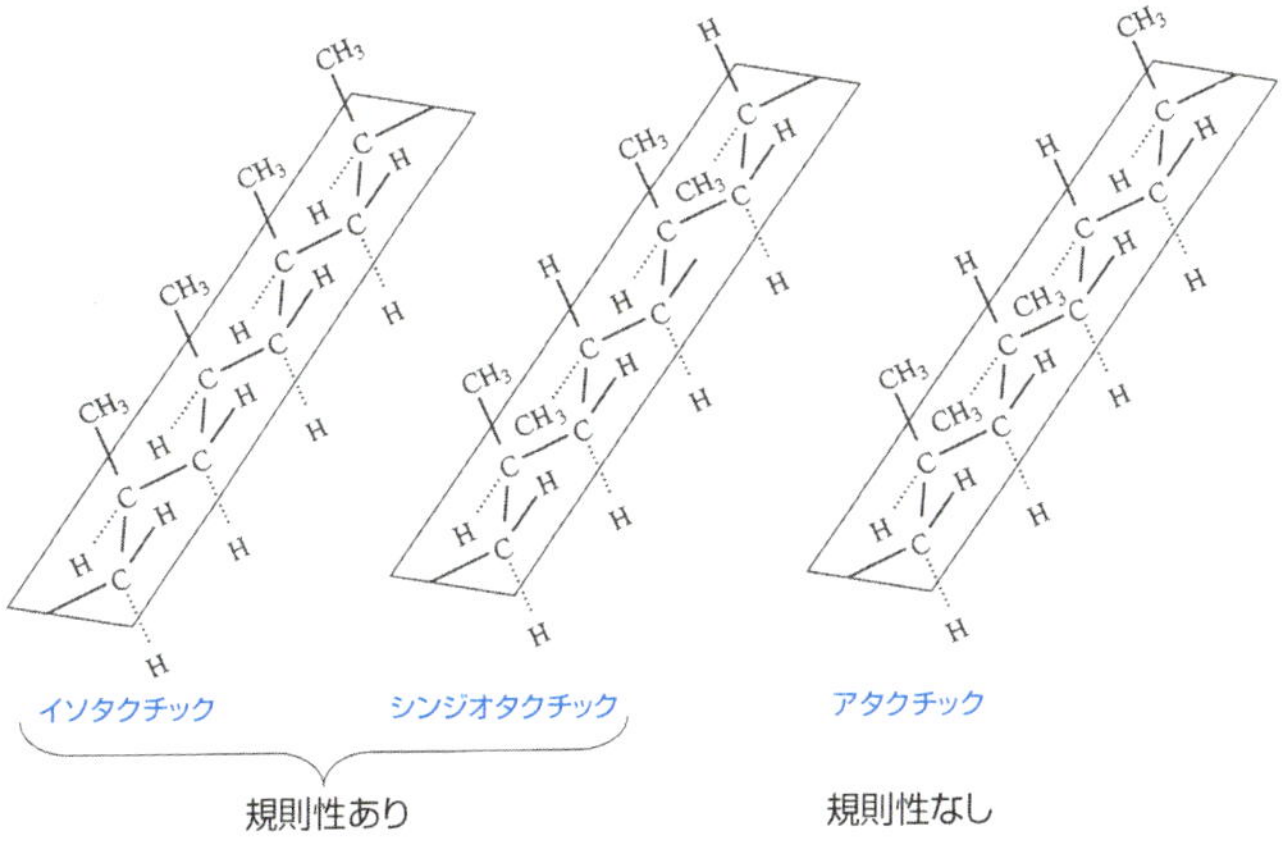

ソタクチック、一つ置きに反対側を向いたシンジオタクチックがあります。この2つは、規則性を持った構造です。それに対して、全く規則性を欠いたものがアタクチックであり、ここではメチル基は不規則に上下を向いています。

この立体異性体は触媒を使うことによって、作り分けることができます。そのために用いる触媒が1953年に開発され、開発者の名前をとった「チーグラー・ナッタ触媒」です。この触媒は、それまで高温高圧の下でしか反応しなかった重合反応を常温常圧下でも進行させることができるもので、高分子の歴史に残る触媒です。チーグラーとナッタはこの功績でノーベル賞を受けています。

まず、触媒無しで反応すると、規則性を欠いたアタクチック型が生成します。次にチーグラー・ナッタ触媒そのものを用いるとイソタクチック型ができます。また、VCl_4と$AlCl(C_2H_5)_2$から作ったチーグラー・ナッタ型触媒を用いるとシンジオタクチック型が得られるのです。

今日ではチーグラー・ナッタ型触媒よりもさらに触媒作用と、立体選択性を高めたカミンスキー型触媒が開発されています。

SECTION 14 逐次反応

逐次反応とは一般に多段階反応とも言われるものであり、いくつもの反応が連続して進行する反応です。

化学反応の中で最も単純な反応は出発物Aが生成物Bに変化する反応A→Bで、このような反応を一般に「素反応」と言います。逐次反応とはA→B、B→C、C→Dのようにいくつもの素反応が連続して起こる反応のことを言います。

有機化学反応の多くは逐次反応であり、一つの素反応の生成物は時間が経てば次の生成物に変化してしまって消滅する運命にあります。このような反応を利用した高分子合成反応には重縮合反応、重付加反応、付加縮合反応があります。

❶ 重縮合反応

重縮合反応とは縮合反応を利用した重合反応のことを言います。縮合反応とは2種類の化合物が、小さい分子を放出することによって結合する反応のことを言います。放出される分子が水の場合には特に「脱水反応」と言います。

❷ エーテル化反応

縮合反応のもっとも簡単な例は、二分子のアルコールR－OHの間から水が取れてエーテルR－O－Rができる反応でしょう。後に天然高分子のChapter.6で詳しく見ますが、グルコースなどの単糖類からデンプンなどの多糖類ができる反応が下のこのような反応です。

❸ エステル化反応

縮重反応の最もよく知られた例は、エステル化反応でしょう。これはカルボン酸R－COOHとア

●エーテル化反応

$$R{-}OH + HO{-}R \longrightarrow R{-}O{-}R + H_2O$$

●単糖類から多糖類ができる反応

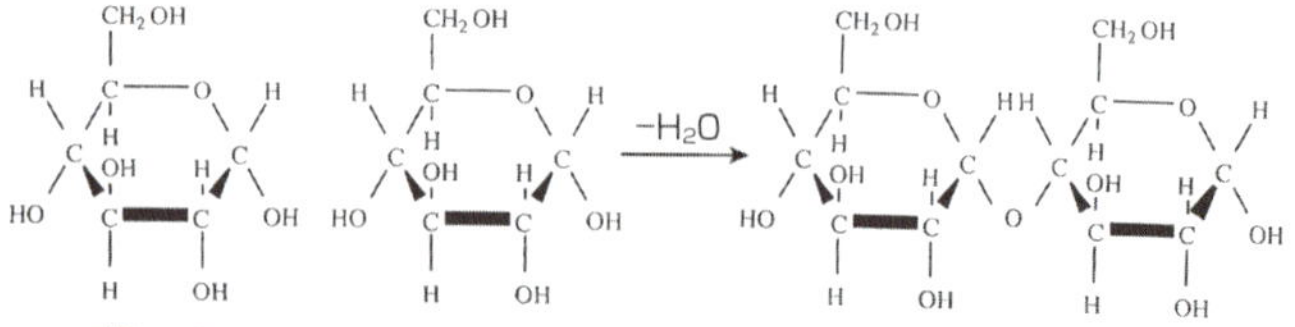

グルコース　グルコース　マルトース（麦芽糖）

ルコールR－OHの間で水が取れてエステルR－COO－Rが生成するものです。

エステル化反応によってできた高分子を一般に「ポリエステル」と言います。ポリエステルで最も有名なのはペットボトルで知られたペットPETでしょう。これはポリエチレンテレフタレートの略であり、テレフタル酸①とエチレングリコール②からできた共重合体、コポリマーです。

反応は次のように進行します。すなわち①と②がエステ

●エステル化反応

$$RCOOH + HOR \longrightarrow RCOOR + H_2O$$

●ポリエステルの反応

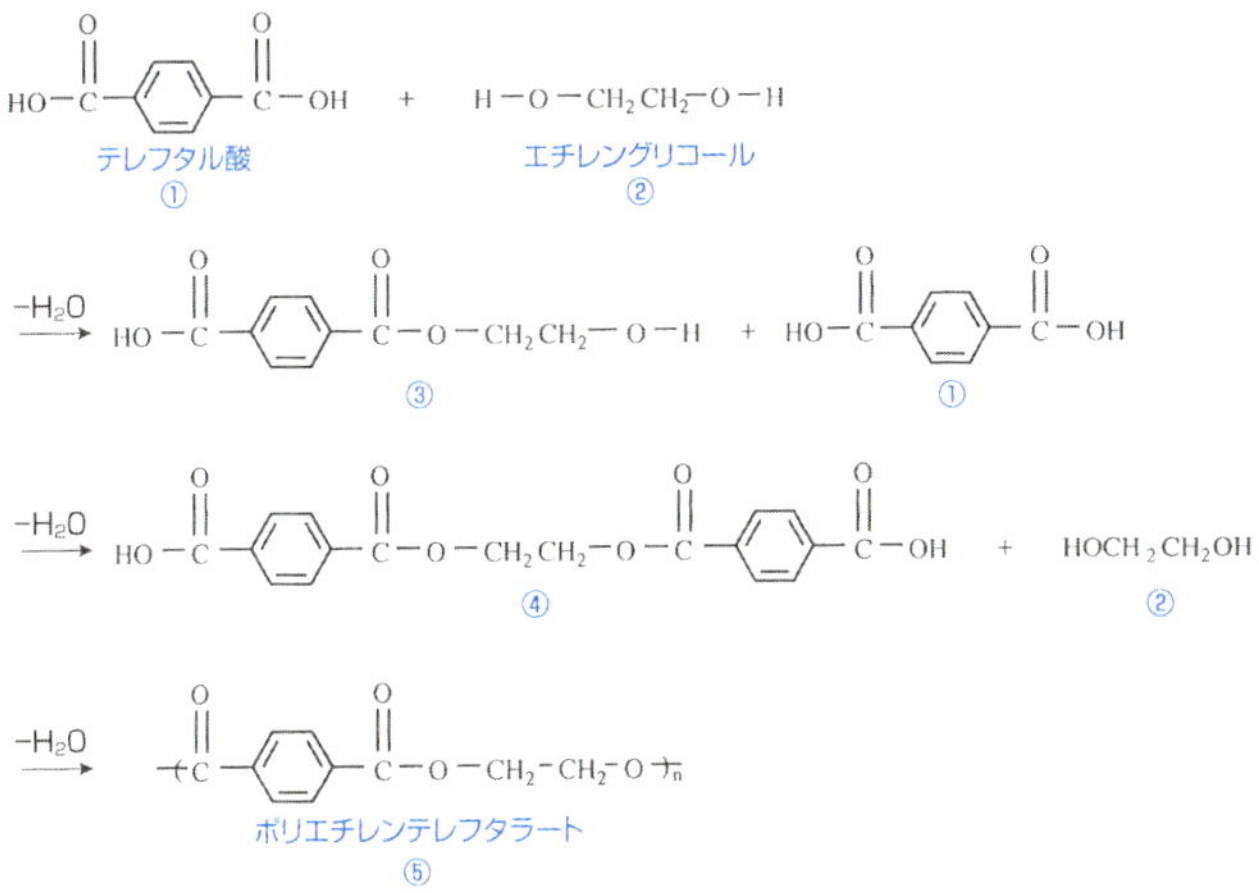

ル結合するとエステル誘導体③が生成します。③にはヒドロキシ基 $-OH$ が存在しますから次の①と反応して④となることができ、そこにはカルボキシル基 $-COOH$ があるので次の②と反応することができ、という具合に高分子化が進行します。

PETはプラスチックとして利用される場合にはペットと呼ばれますが、合成繊維として用いられるときにはポリエステル繊維と呼ばれることが多いようです。

❸アミド化反応

アミド化反応はエステル化反応と似た反応です。アルコールの代わりにアミン $R-NH_2$ を用いるだけです。これを用いた高分子はなんといってもナイロンが有名です。カロザースによって発明されたナイ

●アミド化反応(ナイロン6,6)

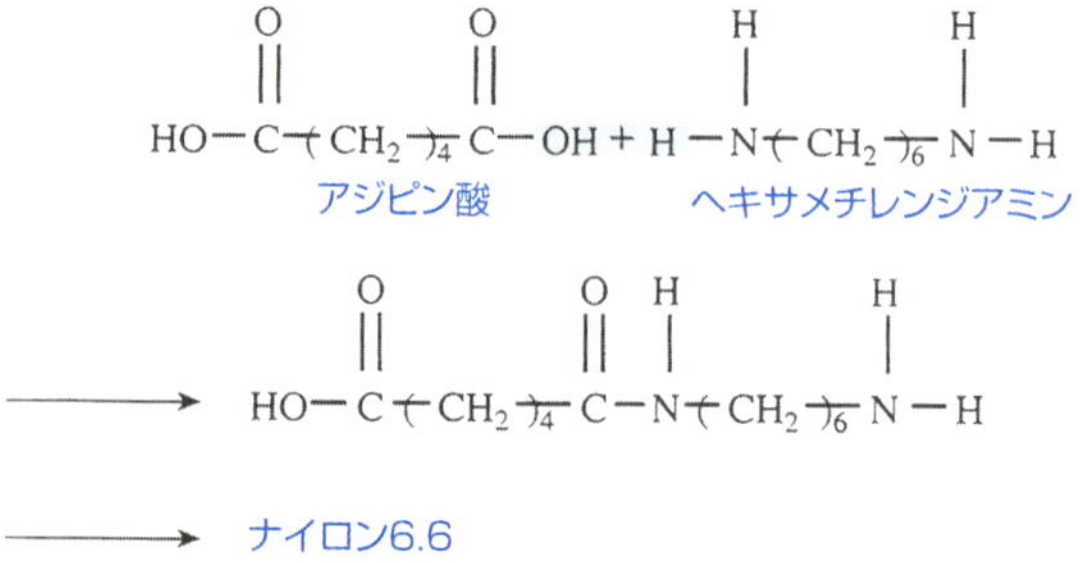

Chapter.3 ◆ 高分子の作り方

ロンはアジピン酸とヘキサメチレンジア
ミンという2種類の分子を用いたもので
あり、どちらも炭素6個からなる分子で
すので、このナイロンを「ナイロン6,6」と
言います。

それに対して日本で開発されたものは
一分子の片方にカルボキシル基、片方に
アミノ基を持った炭素6個の分子からで
きたものでありナイロン6と呼ばれます。

タンパク質もアミノ酸がアミド結合(ア
ミノ酸の場合には特に「ペプチド結合」と
言います)したものですが、これについて
は後の章で詳しく見ることにします。

●アミド化反応(ナイロン6)

$$HO-\overset{\overset{\displaystyle O}{\parallel}}{C}\text{+}CH_2\text{)}_5-\overset{\overset{\displaystyle H}{|}}{N}-H \quad HO-\overset{\overset{\displaystyle O}{\parallel}}{C}\text{+}CH_2\text{)}_5-\overset{\overset{\displaystyle H}{|}}{N}-H$$

$$\longrightarrow \quad HO-\overset{\overset{\displaystyle O}{\parallel}}{C}\text{+}CH_2\text{)}_5-\overset{\overset{\displaystyle H}{|}}{N}-\overset{\overset{\displaystyle O}{\parallel}}{C}\text{+}CH_2\text{)}_5-\overset{\overset{\displaystyle H}{|}}{N}-H$$

$$\longrightarrow \quad \text{ナイロン6}$$

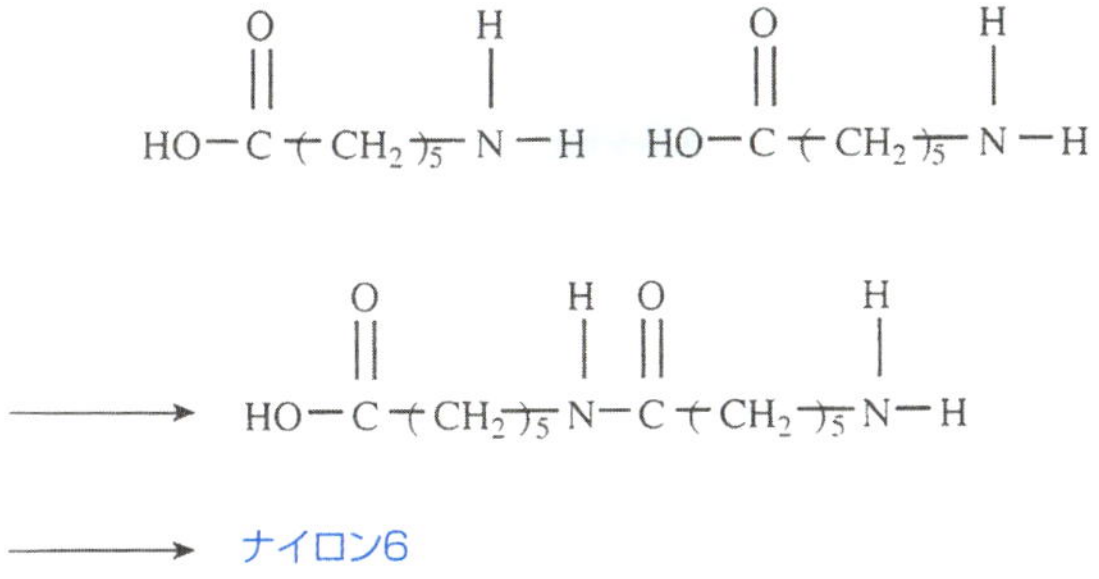

●ペプチド結合

$$RCOOH + H_2NR \longrightarrow RCONHR + H_2O$$

重付加反応

2個の分子が結合して新しい分子を作る反応を「付加反応」と言います。重付加反応とは付加反応が連続して高分子を作る反応です。

よく知られたものにポリウレタンがあります。これはイソシアナートとアルコールの付加反応でウレタンが生じる反応を利用したものです。

実際には2個のイソシアナート基を持ったジイソシアナートと、同じく2個のヒドロキシ基を持ったジオールとの間で高分子化が行われます。

●重付加反応

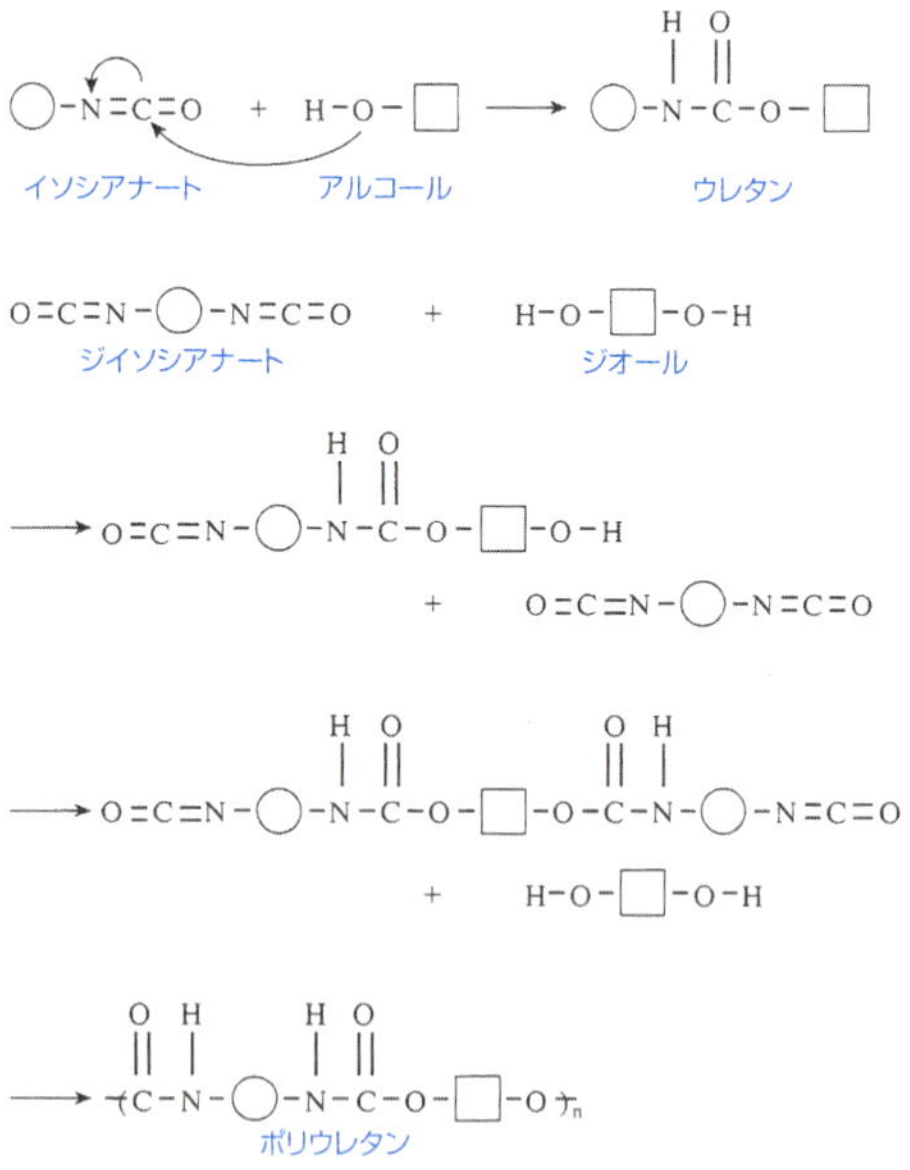

付加縮合反応

付加反応と縮合反応を繰り返して高分子化する反応を「付加縮合反応」と言います。

例としてフェノール①とホルムアルデヒド②の間の付加縮合反応によってノボラックが生成する反応を示しました。①と②が付加反応すると③となりますが、これのOH基とフェノールのオルト位の水素の間で縮合反応が起きて④となります。この反応が連続すると高分子のノボラック⑤となります。

この反応は次項の熱硬化性樹脂で再度見ることにしましょう。

●付加縮合反応

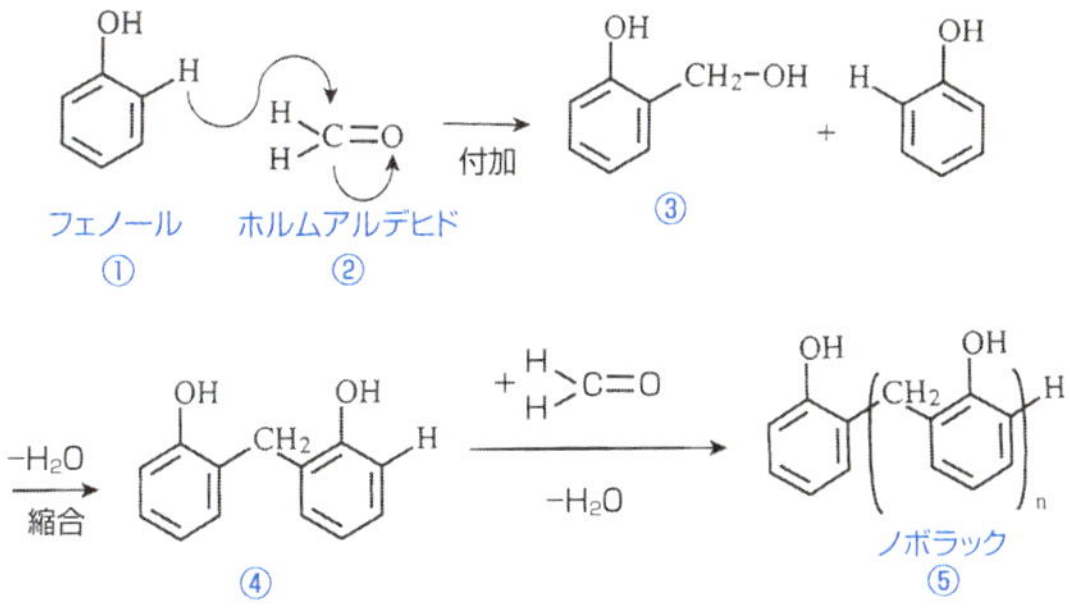

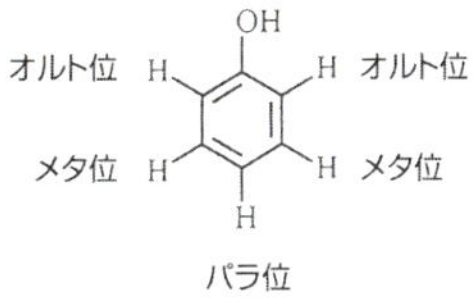

SECTION 15

熱硬化性高分子の合成反応

いろいろの高分子の合成法について見てきましたが、それらは全て加熱すると軟らかくなる熱可塑性樹脂に関するものばかりでした。ここでは熱硬化性樹脂の性質、用途と合成法について見てみましょう。

分子構造

一般の高分子は熱可塑性であり、加熱すると軟らかくなります。それに対して熱硬化性高分子は加熱しても軟らかくなりません。

それでは、熱可塑性高分子と熱硬化性高分子とでは分子構造にどのような違いがあるのでしょうか?

❶熱可塑性高分子の構造

まず熱可塑性高分子の分子構造を見てみましょう。それは本質的に全て長い紐のような構造です。しかし、このような紐状分子の集合状態によって性質に大きな差が出ます。

●プラスチック

プラスチックにおける熱可塑性高分子の集合状態は、紐が束ねられた部分と房状になった部分があり、全体に房状の部分が多くなっています。そのために温度が高くなると房状部分の分子は熱振動などの運動を始めます。これが柔軟性の原因なのです。

●繊維

同じ熱可塑性高分子でも繊維になると紐の方向が揃い、大部分が結晶性となっています。ひも状分子も何本かまとまれば分子間力が強く働くようになり、プラスチック状態よりは熱に対して強くなります。

❷熱硬化性高分子の構造

熱可塑性高分子に対して熱硬化性高分子の構造は、三次元にわたる網目構造、あるいはケージ構造です。

このケージが高分子製品の全部分に渡って存在しているのです。そのため、温度が高くなっても分子に移動の自由は生まれません。そのために熱硬化性高分子は高温になっても硬いままなのです。

熱硬化性高分子の合成

熱硬化性高分子にはいくつかの種類があります。高分子の種類とその原料となる単位分子を表にまとめました。

●熱硬化性高分子の種類

名称		ポリマー	モノマー	性状	用途
ホルマリン樹脂	フェノール樹脂	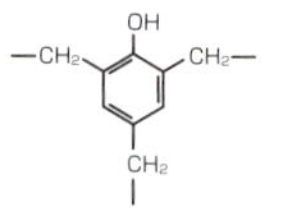	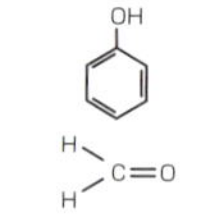	耐熱性 耐薬品性 絶縁性	ベークライト 食器 電気器具 塗料
	ウレア樹脂	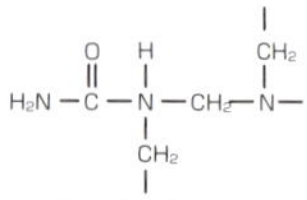	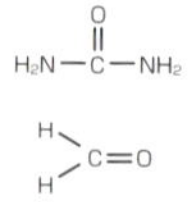	透明性 接着性 耐熱性	日用雑貨 ベニヤ接着剤 食器
	メラミン樹脂	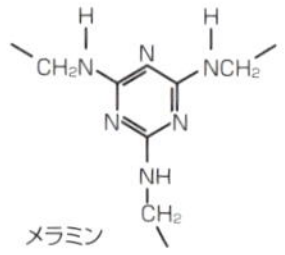	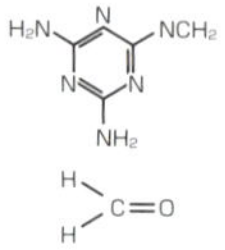	透明性 耐薬品性 美光沢	家具 化粧合板 塗料 電気器具

❶ フェノール樹脂

フェノール樹脂はフェノールとホルムアルデヒドから作られますが、途中までは前回見たノボラックの合成になります。このノボラックの反応を発展させたものがフェノール樹脂になります。すなわち、ノボラックの場合には、フェノールの5個の水素原子のうち反応するのは2個のオルト位の水素だけでした。そのため、ノボラックは鎖状の構造になったのです。

しかし、フェノール樹脂の場合にはフェノールはオルト位の水素の他にパラ位の水素をも使って反応します。そのため、反応点が3個になるので枝分かれ構造となり、最終的に網目構造になるのです。

その三次元網掛け構造を見てください。これでは分子に形態の自由度が無いのも当然とよくわかります。

●フェノール樹脂

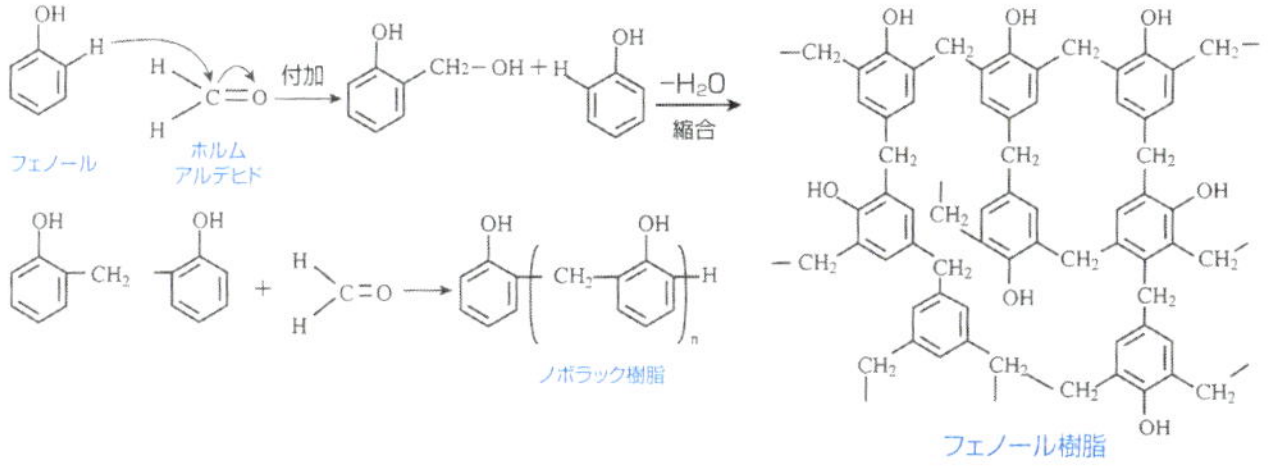

❷メラミン樹脂

メラミン樹脂はメラミン①とホルムアルデヒド②から作られます。①と②が反応すると付加体③を経由して④となります。③ともう一分子の①が反応すると⑤のように脱水反応が起き、2個のメラミン分子がCH_2で繋がった⑥となります。

同様の反応がメラミン分子の持つ3個アミノ基に対して起こると三次元に網目の渡ったメラミン樹脂⑦になります。

●メラミン樹脂

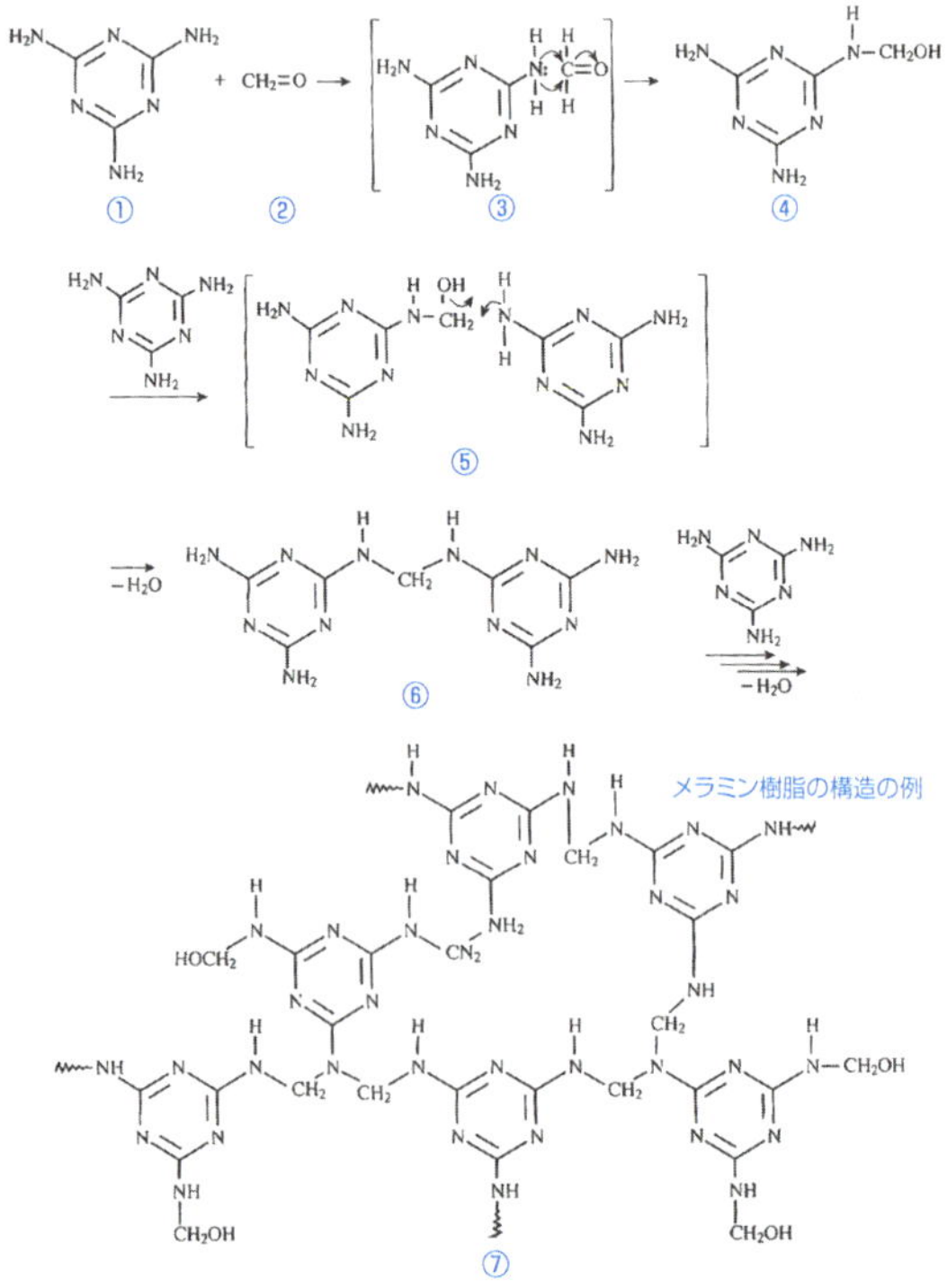

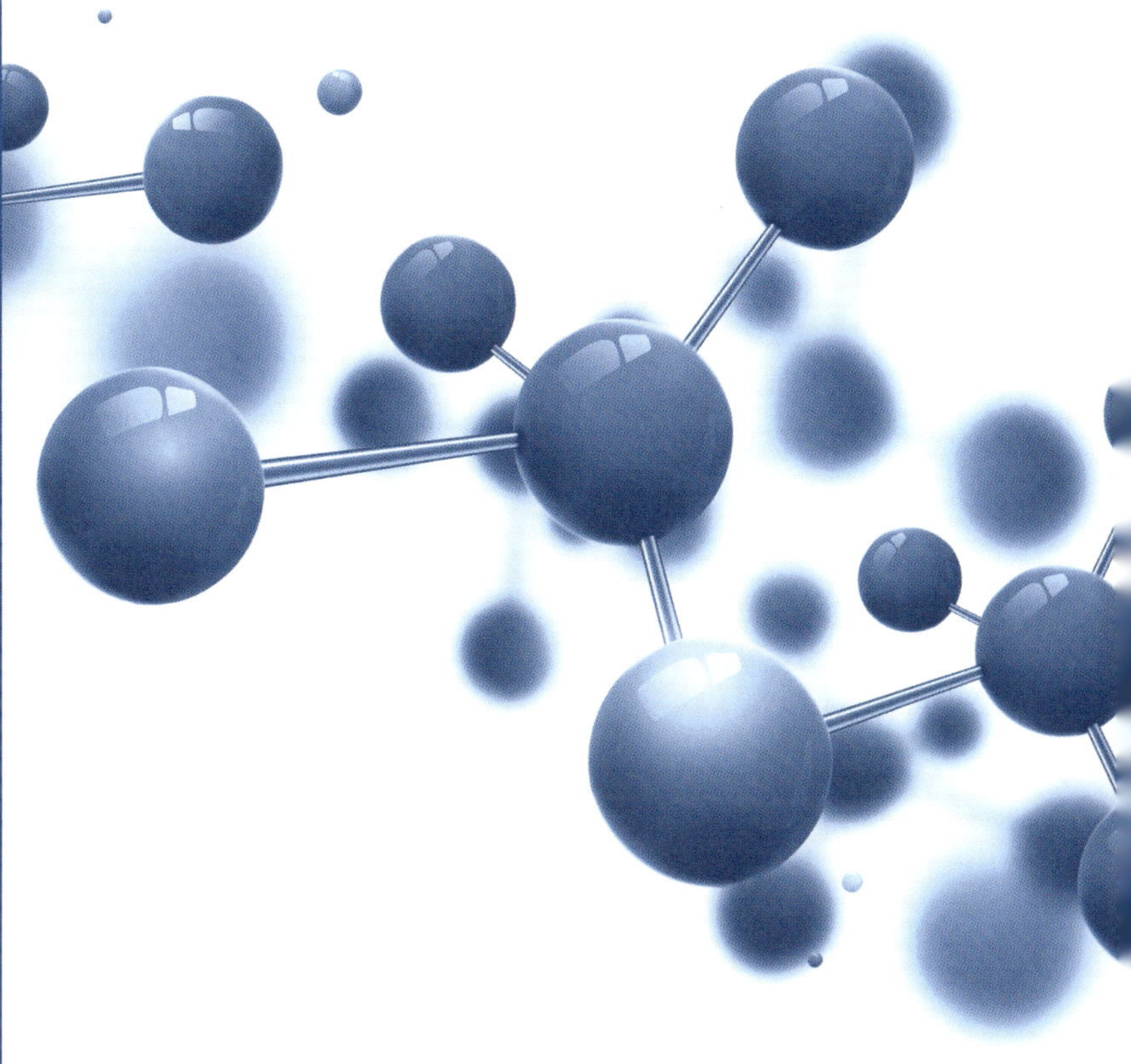

Chapter. 4
高分子の化学的性質

SECTION 16
高分子の熱的性質

熱可塑性高分子は加熱すると軟らかくなるという性質の他、熱に対して独特の挙動を示します。熱可塑性高分子の熱的特性を見ることにしましょう。

分子量と熱的性質

高分子は何個の単位分子が結合したかによって、長いものもあれば短いものもあります。その長さは高分子の分子量から推定することができます。高分子の分子量と熱的性質の間には密接な関連があることが知られています。

❶ 融点、沸点

図は温度によって変化する高分子の状態と分子量の関係をまとめたものです。分子量の小さな普通の分子では、結晶を加熱すると融けて液体になりますが、この温度を「融点」と言います。純粋の結晶が融ける温度範囲は非常に狭く、通常は0・5℃の範囲に入りますので、融点範囲で結晶のおおよその純度を知ることもできるほどです。液体をさらに加熱すると沸点で気体になります。

高分子の場合にも固体を加熱すると軟らかくなり、最終的には液体状になりますが、融点は、はっきり何℃とは言えません。それは溶ける温度範囲が非常に広いからです。80℃で軟らかくなり始めても、完全に溶けたのは130℃などという場合、融点と言える温度は見つかりません。

また、高分子は非常に大きく、分子量も巨大なので、気化することはほとんどありません。ですから沸点というものはありません。無理に加熱すると分解して最後は炭化してしまいます。

●高分子の状態と分子量の関係

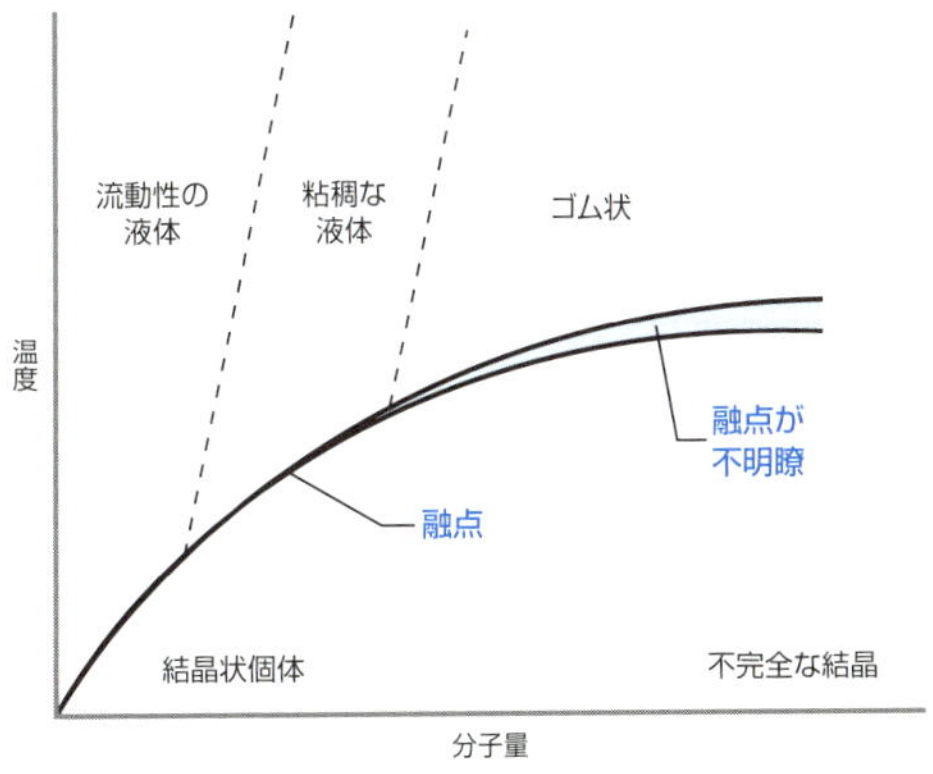

❷温度と状態

　固体高分子を加熱したらどのような状態になるでしょう。それは高分子の分子量によります。分子量が小さな場合には、融けると流動性のある液体になります。しかし、分子量が増えると流動性は低くなり、粘稠さが現れてきます。そして、大きくなると融けても流動性の無いゴム状の物質になります。ですから、普通のゴムは室温以下の低い温度でゴム状になる固体高分子と考えればよいことになります。

熱による性質変化

　全ての分子は絶対温度に比例した激しさで分子運動を行います。高分子の分子運動には、ミクロブラウン運動とマクロブラウン運動があります。ミクロブラウン運動は、高分子の本体、すなわち主鎖は動かずに、主鎖に結合している原子や原子団だけが

●高分子の分子運動

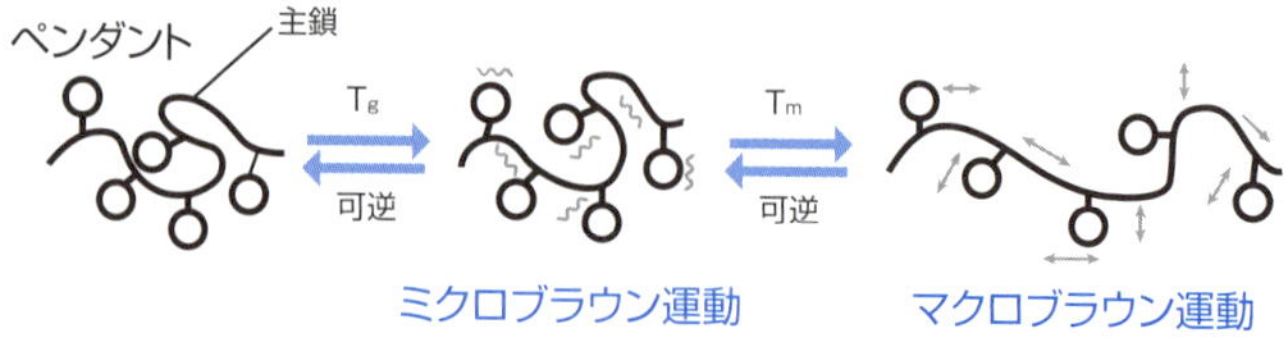

動いている状態です。それに対してマクロブラウン運動では主鎖そのものが動き回るのです。高分子の温度による状態変化は、結晶性の高分子と非晶性の高分子では異なります。図は高分子の体積変化（比容）と温度の関係を表したものです。

❶結晶性高分子

結晶性高分子を加熱すると体積は徐々に増加します。そして、ガラス転移温度T_gに達すると結晶性の部分が細かな運動（ミクロブラウン運動）を始めます。この結果、高分子は全体に弾力のある状態になります。さらに加熱して融点T_mになると結晶性の部分が融解してマクロブラウン運動を始めるので、高分子はゴム状になり、それと同時

●結晶性高分子

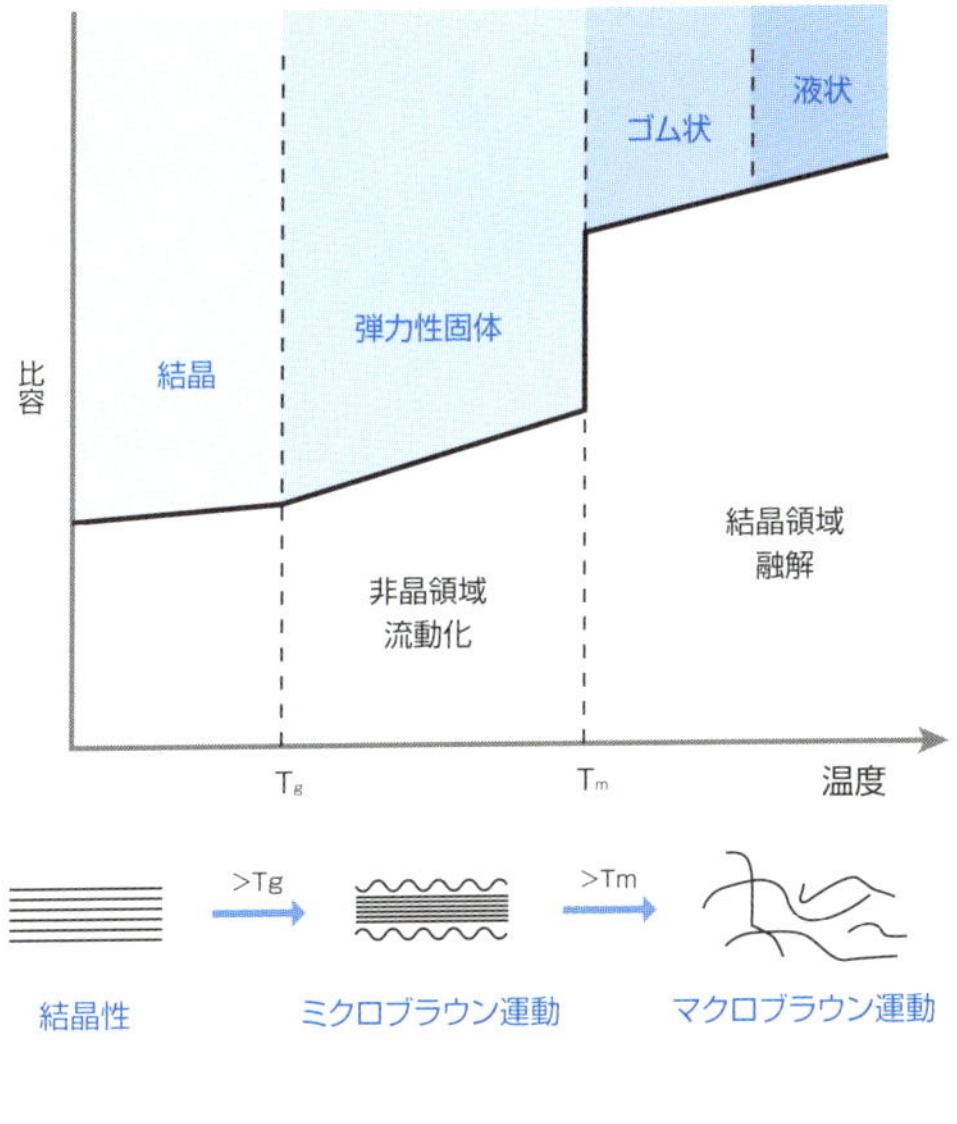

に体積が不連続に増加します。そして、さらに加熱すると徐々に液体状態になります。

❶ 非晶性高分子

非晶性高分子の場合には変化がもう少し単純です。すなわち非晶性高分子を加熱すると体積は徐々に増加します。そして、温度T_gに達すると、それまでの硬い固体状態から軟らかいゴム状態に変化します。これは高分子鎖が流動性を獲得してマクロブラウン運動を始めたことを意味します。それと同時に体積増加の割合も増加し、さらに加熱すると徐々に融けて液体になります。

●結晶性高分子

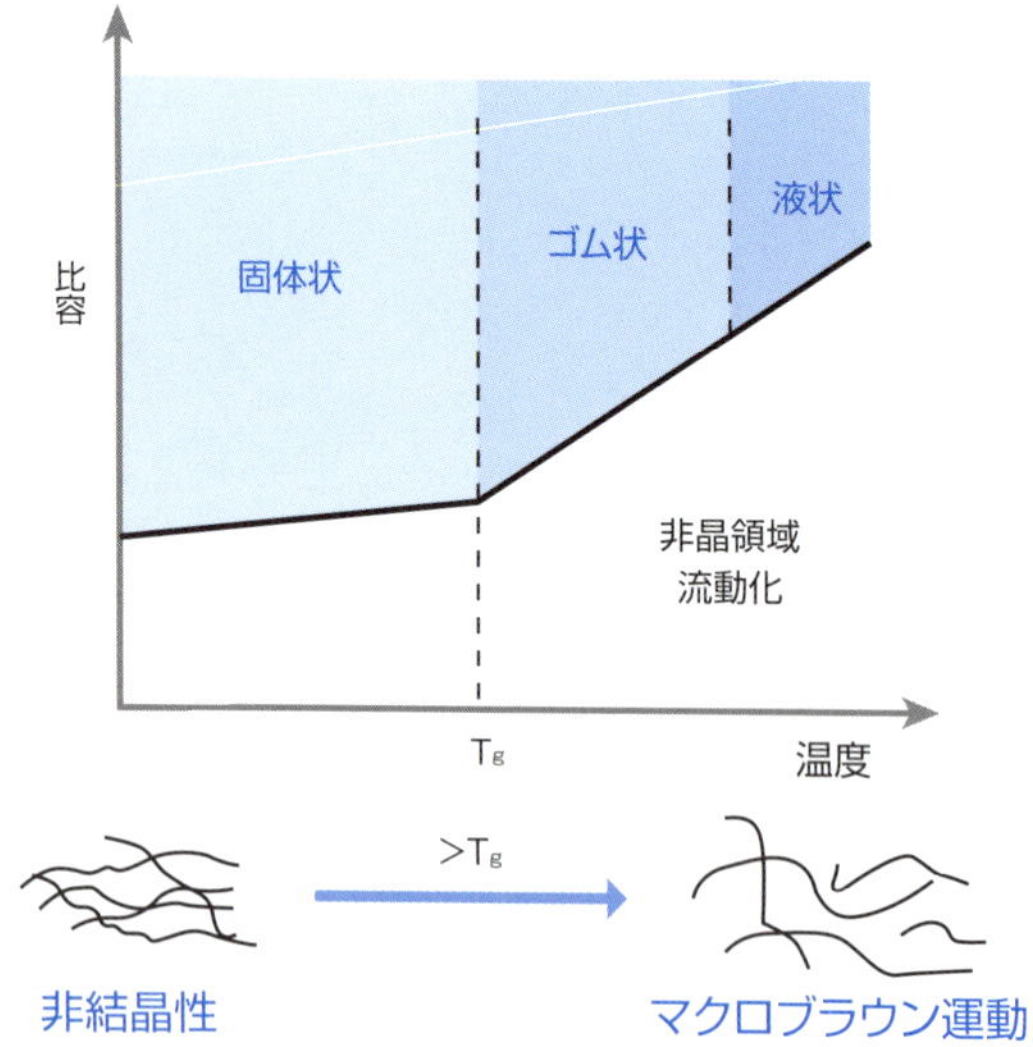

SECTION 17

高分子の耐熱性

高分子の性質の中でも大切なのは耐熱性です。100℃以下でしか使えないのか、300℃以上でも使えるのかは高分子を使う場合に重要な指標になります。

物理的耐熱性

加熱によって性質が変化しないというのが耐熱性の定義です。高分子は有機物なので、どうしても耐熱性の低い嫌いがあり、それが高分子の材料としての用途を限定していました。高分子の耐熱性を高めることは至上命令のようなものであり、高分子の発展の歴史は耐熱性の向上の歴史と言ってよいほどのところがあります。

高分子の場合には、熱による変性に2つの種類があります。物理的な変性と化学的な変性です。物理的な変性とは、分子構造の変化を伴わない変性のことをいいます。

すなわち、高分子の集合状態の変化に伴う変性です。

分子運動と耐熱性

このような変化で重要になるのは、ミクロブラウン運動とマクロブラウン運動です。ミクロブラウン状態の固体は固体状態を保っているので材料として使用することが可能です。しかし、マクロブラウン運動を始めるようになったら材料としての強度が低下するのはもちろん、形状さえ保てなくなります。

このため、結晶性高分子ではガラス転移温度T_gを超えても硬度が保たれ、融点T_mまでは使用に耐えることができます。しかし、非晶性高分子ではT_gを超えた時点でマクロブラウン運動を始めるので、T_g以上の温度では使用できないということになります。

分子構造とT_g

表にいくつかの高分子とそのT_gを示しました。T_gと分子構造には次のような関係があります。

①一般に高分子主鎖にベンゼンなどの芳香環があると分子が剛直になり、屈曲性が低くなることが知られています。すなわち、この場合にはマクロブラウン運動を起こしにくくなるのでT_gは高くなります。

②反対に主鎖がジグザグ構造のものは形状の自由度が大きく、低い温度で分子運動を起こすことができます。そのため、T_gが低くなります。

③主鎖に結合する側鎖置換基（ペンダント）もT_gに大きく影響します。一般にPS（ポリスチレン）のようにペンダント（フェニル基）が大きいとT_gは高くなり、反対にPE（ポリエチレン）のようにペンダントが無い（H）とT_gは低くなります。

●高分子の分子構造とT_g

	高分子形状	性質	T_g
①	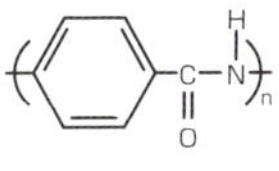	分子鎖の屈曲性が低い	高い
②	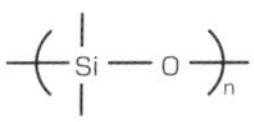	分子鎖の屈曲性が高い	低い
③	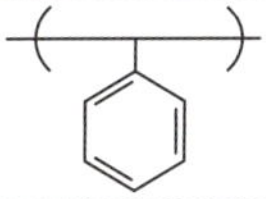	側鎖置換基が大きい PE : Tg = −125℃ PS : Tg = 100℃	高い

化学的耐熱性

物理的な変性は集合状態の変化ですから、温度を下げてやれば元に戻ります。すなわち可逆的な変性です。しかし、化学的な変性の場合には化学結合の切断や変化を伴います。このような変化は一度起こってしまったら修復不可能です。すなわち、化学的な変性は不可逆でそれだけに深刻です。

化学的な耐熱性を高めるためには高分子鎖をつくる化学結合の結合エネルギーを高める必要があります。そのためにはいくつかの方策が知られています。

❶主鎖にケイ素Ｓｉなどの無機元素を導入する

❷分子骨格を剛直にする

表に示したように、❶の方法は確かに有効です。し

●化学的耐熱性を高める方策

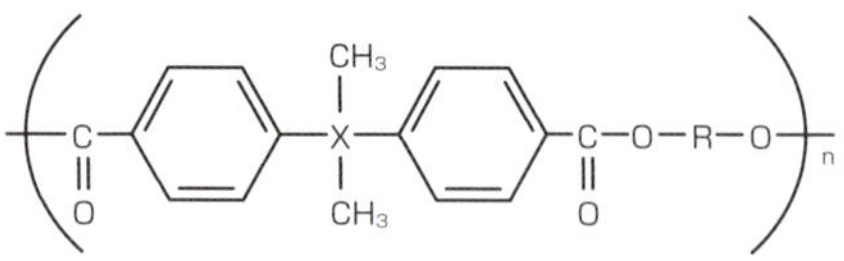

X	T_g	T_m[℃]
Si	195	378
C	176	296

かし、この方法は有機高分子というより、ケイ素樹脂を作ることであり、高分子の性質が根本的に変化します。そこで、有機高分子では主に❷の方法に頼ることが多くなります。そして、そのために用いる具体的方策は次の3つなどです。

❶ケプラーのように主鎖に芳香環を導入する
❷ポリイミドのような梯子構造を導入する
❸高分子の結晶性を高める

結晶性を高めるためには分子間力を強くし、分子構造の対称性を高めるなどの工夫があります。ポリスチレンは汎用プラスチックであり、融点は高くありませんが、特殊な触媒を使うことによって、置換基であるフェニ

●分子骨格を剛直にする方策

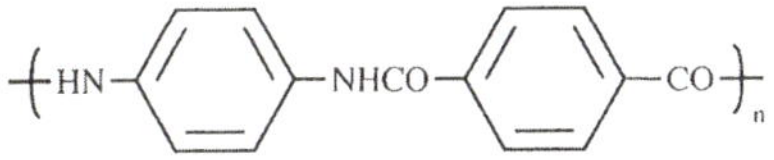

ケプラー
防弾チョッキになる
$T_g = 400$ ℃
$T_m = 560$ ℃

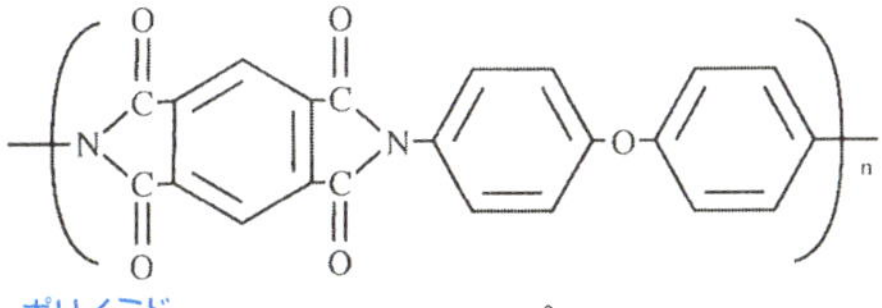

ポリイミド
ハンダ付けもできる
$T_g = 410$ ℃

ル基の配向を揃えたポリスチレンは結晶性が高く、融点も270℃に上昇し、エンプラ（エンジニアリングプラスチック）として扱われています。

難燃性

高分子の重要な用途に合成繊維があります。合成繊維は衣服やカーテンに使われます。これらが燃えたら人命にかかわります。また、エンプラは金属に代わる素材として機械部品に使われ、油にまみれた環境で、かつ高温で使われます。燃えだしたら大変です。ということで、高分子には難燃性が求められます。

図は高分子の燃焼の機構です。加熱されて融解した後、発火する際に重要なのは高分子が分解して揮発性の分解生成物が発生することです。この気体に火が着くことに

●高分子の燃焼

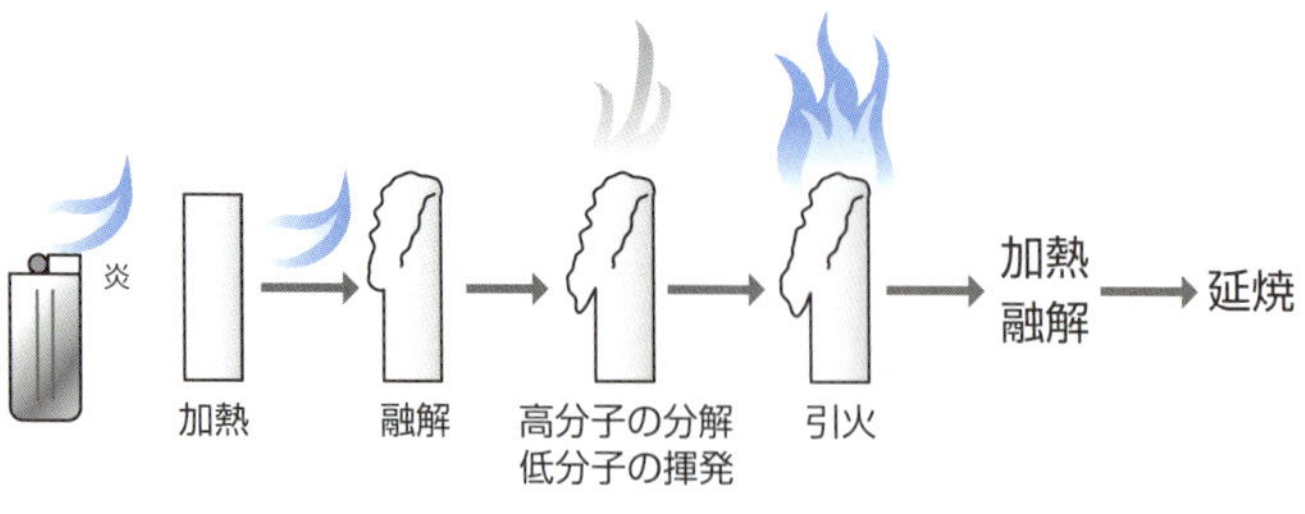

よって、本格的な火災に発展するのです。ですから難燃性にするためには化学結合を強める必要があるということになります。

　図はいくつかの高分子の燃焼性と構造の関係を表したものです。ＯＩ％は燃焼に必要な酸素濃度を表したものであり、数値が大きいほど燃えにくいことを示します。ハロゲン元素を持った高分子が難燃性なのは、高分子が分解することによって発生するラジカルをハロゲン原子が捕捉するからです。

●高分子の燃焼性と構造の関係

	OI：[%]	
テフロン	95	難燃性
ポリ塩化ビニル	45	難燃性
フェノール樹脂	35	難燃性
ナイロン66	23	自己消火性
ポリカーボネート	26	自己消火性
ポリビニルアルコール	22	自己消火性
セルロース	19	延焼性
ポリエチレン	17	延焼性
ポリオキシメチレン	16	延焼性

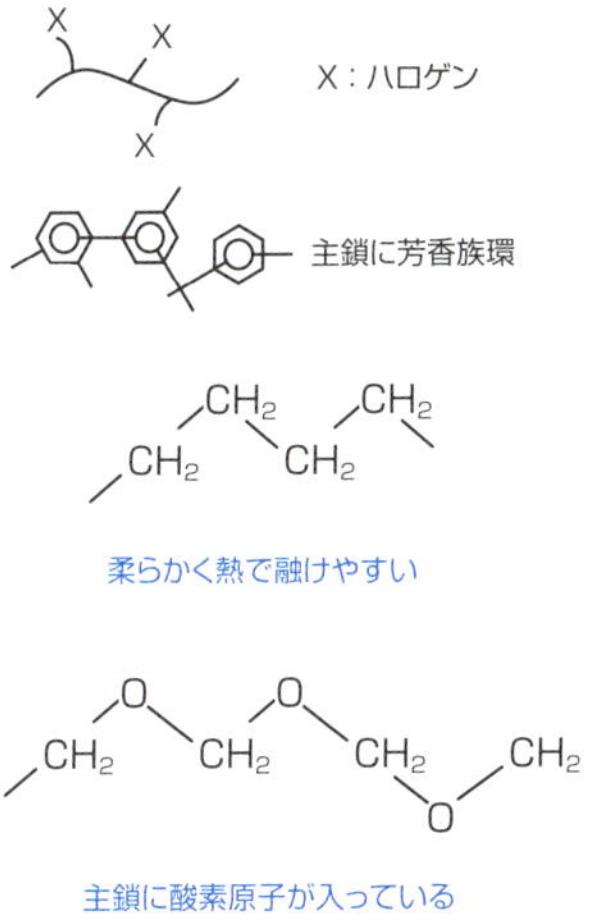

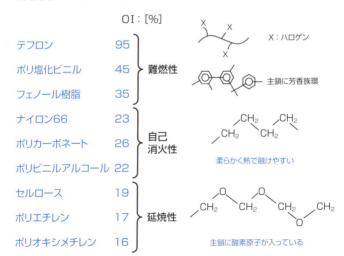

SECTION 18

高分子の溶解性

高分子も有機物ですから、適当な有機溶媒には溶けて高分子溶液となります。

溶解

高分子は長い分子鎖が集まったものです。次の図はそのような高分子の集合状態です。先に見たように、分子鎖が平行に緊密に集まった結晶性部分と、それがほどけた房状の非晶性部分とがあります。

❶溶媒と高分子の相互作用

高分子を適当な溶媒の中に漬けると、溶媒分子は、この非晶性部分に入り込んでいきます。この結果、房状の部分はさらにほどけ、ふやけた様な状態になります。この状態を「膨潤」と言います。

非晶性部分に入り込んだ溶媒は、やがて結晶性部分にまで侵入し、高分子鎖を一本一本バラバラの状態にします。バラバラになった高分子鎖は多くの溶媒に取り囲まれます。このような状態を「溶媒和」と言いますが、この状態にあるものを一般に「高分子溶液」と言います。

溶媒和において高分子鎖と溶媒を結びつける力は、ファンデルワールス力と言われる分子間力です。

❷ 濃度と分子形態

充分に希薄な高分子溶液においては、高分子鎖は適当な形で溶媒中を漂い、振動、回転をしています。このために要する空間を一本の高分子鎖の体積と考えることができます。次ページの図では、この体積を模式的に円で表しました。この円が互いに接することの無い溶液が「希薄溶液」ということに

●溶媒と高分子の相互作用

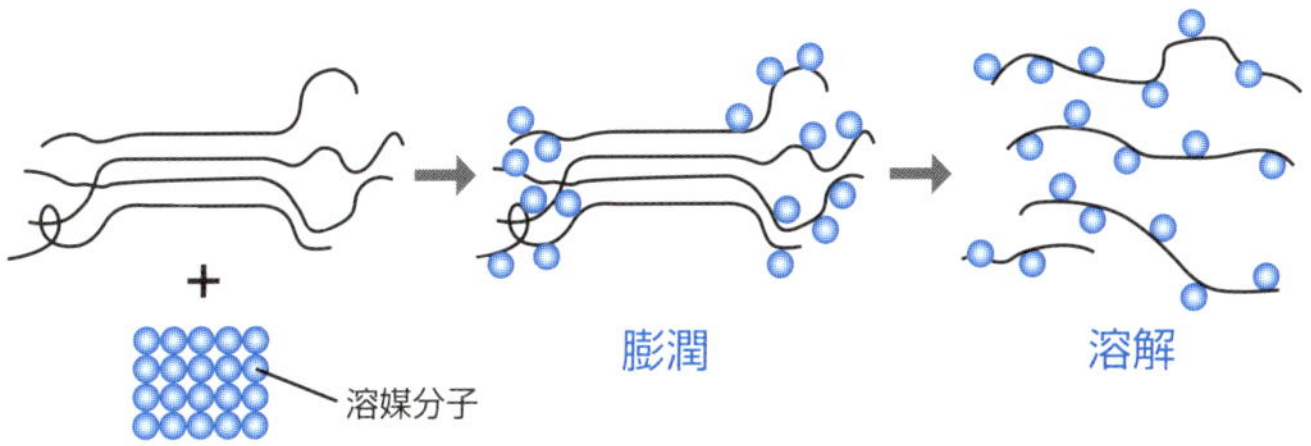

なります。ここでは、高分子鎖は気体状態と同じように自由に振る舞うことができます。そして、多少の接触できる程度の溶液を「準希薄溶液」と言います。

それに対して「濃厚溶液」では、高分子鎖は互いに接触するだけでなく絡まり合い、自由運動を阻害し合っています。

溶解度パラメーター

分子量の小さな普通の物体の溶解にはよく知られた次の原理が働きます。それは「似たものは似たものを溶かす」ということです。ヒドロキシ基OHを持って極性溶媒の水は、同じく極性分子のアルコールや、OHをたくさん持った砂糖（スクロース）を溶かします。無極性の有機溶媒は同じく無極性有機物のナフタレンを溶かします。

●高分子溶液の濃度と分子形態

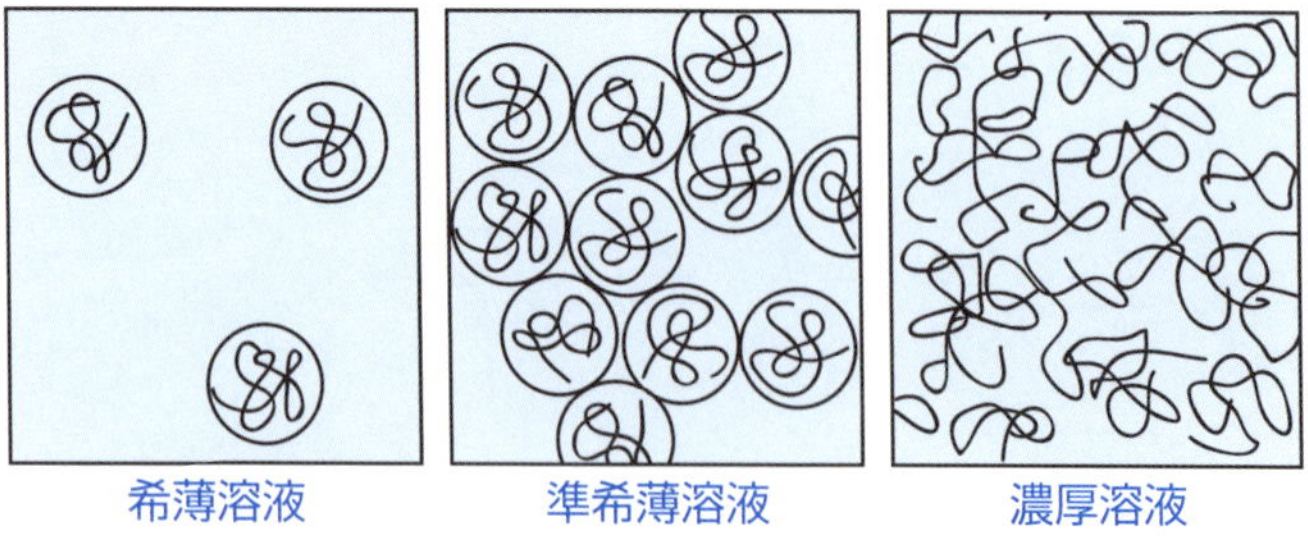

しかし、高分子の溶解に関しては、この原理は必ずしも適用できません。アルコールからできた高分子であるポリビニルアルコールはエタノールなどのアルコール性溶媒には溶けませんし、炭化水素のポリエチレンは同じく炭化水素のヘキサンには溶けません。

高分子の溶解に有用なパラメーターは、図に示した溶解度パラメーターδ《デルタ》と呼ばれるものです。溶解度パラメーターは高分子、溶媒の両方に定義できます。そして、高分子は溶解度パラメーターが自身と似た値を持つ溶媒に溶けるのです。この意味では、「似たものは似たものを溶かす」ということができるのかもしれません。

●溶解度パラメーター

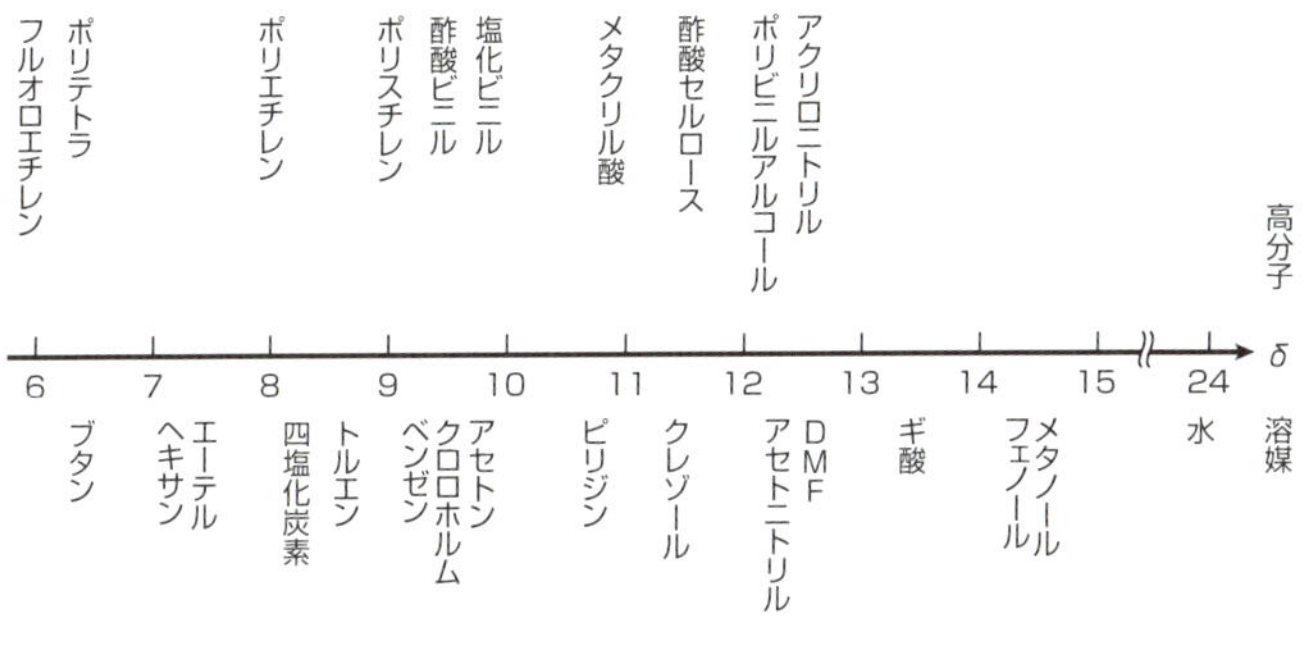

SECTION 19

高分子の耐薬品性

高分子はプラスチックとして種々の容器に使われます。また、エンプラ（エンジニアリングプラスチック）と呼ばれるものは金属に代わる機械部品として、自動車エンジンの部品にまで使用されています。このようなプラスチックは油にまみれていることになります。当然、耐油性など、いわゆる耐薬品性が重要な要素になります。

高分子と薬品の相互作用

この相互作用は大きく二段階に分けて考えることができます。第一段階は固体高分子が薬剤と混合する過程であり、これは先に見た高分子の溶解と本質的に同じ現象と見ることができます。すなわち固体高分子と薬剤が接触し、薬剤が浸透し、溶媒和して固体を膨潤し、さらに溶解します。この場合には、高分子と薬剤の溶解度パラメーターの近似性が問題になります。

もう1つ重要なのは、高分子に浸透した薬剤分子がどれだけ自由に動き回れるか、という問題です。この場合には、高分子鎖間の分子間力、凝集力が重要な要素になります。また、架橋構造の存在や、芳香族構造の存在なども分子間力を増強し、耐薬品性の向上につながります。

そして、次の段階は薬剤と高分子鎖の化学反応です。ポリエチレンのような炭化水素のアルカンは化学反応し難いですが、ＰＥＴのようなエステル結合を持つ物、あるいはナイロンのようなアミド結合を持つ物は、適当な触媒物質が存在すると加水分解される危険性があります。現に生体は酵素という触媒を通じてアミド結合（ペプチド結合）のタンパク質を加水分解（消化）しています。

高分子の耐薬品性

いくつかの高分子の耐薬品性を表にまとめました。ポリカーボネートは機械的強度は高いものの、耐薬品性は弱点になっているようです。無極性分子からなるＰＰ（ポリプロピレン）やＰＳ（ポリスチレン）は普通の有機溶媒には弱いですが、酸やアルカリのような極性の薬品には強いです。反対なのが、ナイロンやＰＥＴであり、これは極性分子のため、無極性溶媒には強いですが、酸、アルカリなどの極性薬品には弱くなります。

どのような薬品にも強いのが、ＰＴＦＥ（ポリテトラフルオロエチレン、テフロン）であり、これはその高い非極性と結晶性のため、各種のエンプラ（エンジニアリングプラスチック）の中でも特に耐薬品性が高くなっています。

バリア特性

プラスチック容器に気体を入れたり、匂いのある物体をプラスチックフィルムで包装する場合に問題になるのがバリア特性です。バリア特性とは高分子素材がどれだけ気体を通すかの指標で

●高分子の耐薬品性

	ポリカーボネート	ナイロン6.6	PET	PS	PP	PTFE*
有機溶媒	△〜×	◎	◎	×	△	◎
酸・アルカリ（低濃度）	○〜△	◎〜○	◎	◎	◎	◎
（高濃度）	△〜×	△〜×	△〜×	○	◎	◎

PTFE：ポリテトラフルオロエチレン $\left(CF_2-CF_2\right)_n$

す。バリア特性の低いものは空気（酸素）や水蒸気を通すので、内容物の劣化を速めますし、匂いを外部に漏らすことになります。

気体が高分子を通過するメカニズムは、溶解や耐薬品性のメカニズムと同じに考えることができます。水蒸気のような極性の気体分子は非極性プラスチックを通過しにくいです。反対に酸素や二酸化炭素のような非極性気体分子はナイロンやＰＥＴのような極性高分子を通過しにくくなります。また、分子間の凝集力の大きな高分子は一般に気体分子を遮る力が強くなります。

表はいくつかの高分子の凝集エネルギー密度と酸素透過能力の関係をまとめたものです。凝集力の大きな高分子ほど酸素を通過しにくいことがわかります。

●高分子の凝集エネルギー密度と酸素透過能力の関係

ポリマー	凝集エネルギー密度	酸素透過度
ポリビニルアルコール	230	0.64
ポリビニリデンクロライド	140	16
ナイロン6	130	180
ポリエチレンテレフタラート	120	460
ポリプロピレン	60	23000
ポリエチレン	70	74000

SECTION 20
高分子の反応性

高分子は材料と見られがちですが、化学物質です。したがって、高分子は普通の分子と同じように化学反応を行います。そのような化学反応によって、一度生成した高分子の性質を改質することが可能です。高分子の起こす化学反応を見てみましょう。

脱離反応

完成した高分子から小さな分子を脱離させる反応です。たとえば分子鎖の適当な位置に塩素Clを持った高分子には塩化水素HClを脱離させて二重結合を導入することが可能です。

同様な反応はヒドロキシ基を持った高分子に対しても可能です。この場合には「脱水反応」と言うことになります。

架橋反応

高分子が起こす反応の中で昔からよく知られている反応が架橋反応です。架橋反応とは2本の高分子鎖の間に「橋をかけて」繋いでしまう反応です。代表的なものは天然ゴムの加硫です。

❶ 光二量化反応

二量化とは二個の分子が結合することを意味します。二重結合を持つ分子に紫外線などの光を照射すると、二分子の二重結合のπ結合が反応してシクロブタン環を作ります。この反応を利用すると2本の高分子を二重に架橋することができます。

すなわち、高分子の中には二重結合を持つものがありますから、この高分子に紫外線照射をします。すると、高分子間にシクロブタン環が生成して両分子が橋懸け構造によって結合するのです。この反応は後に光硬化性樹脂の項目で再度出てきます。

●光二量化反応

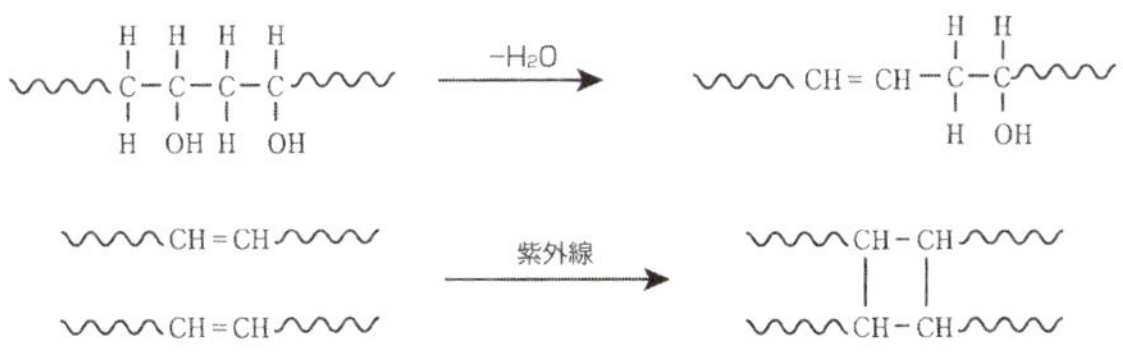

❷放射化二量化反応

高分子にγ線などの放射線を照射すると、C－H結合が切断されて、高分子のその部分に炭素ラジカルC・が発生します。C・が他の分子のCH_2部分を攻撃すると水素ラジカル（水素原子）H・を脱離して互いのラジカル電子が結合し、C－C結合が生成して架橋構造となります。この反応は後に形状記憶高分子の項目で再度出てきます。

環化反応

高分子鎖が持つ置換基を、ネックレスに着いたペンダントに例えてペンダントということがあります。このペンダント置換基を反応させると鎖状高分子を環状高分子に変えることができます。

●放射化二量化反応

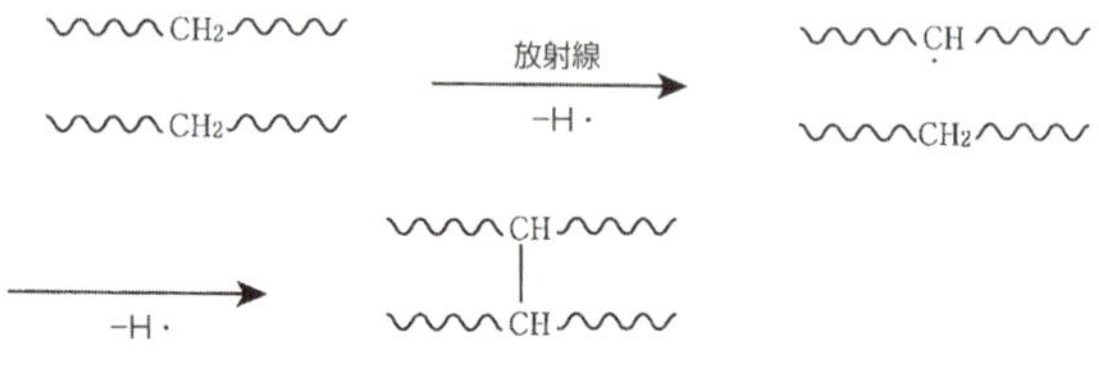

❶ビニロンの合成

酢酸ビニル①を高分子化するとポリ酢酸ビニル②となります。これを水で懸濁したものが木工ボンドです。②を加水分解して酢酸部分を除くとポリビニルアルコール③となります。③は多くのヒドロキシ基を持つため水溶性であり、洗濯糊や切手の裏の糊などとして用いられます。一方、③にホルムアルデヒドを反応させるとホルマール化が起こり、1,3－ジオキサン構造を持った④となります。④はビニロンとよばれ、合成繊維などとして用いられます。

❷炭素繊維の合成

最近話題の炭素樹脂は、次ページの図⑤をニトリル基の付いたポリアクリロニトリル①から導く反応です。①を加熱するとニトリル基同志の間で付加反

●ビニロンの合成

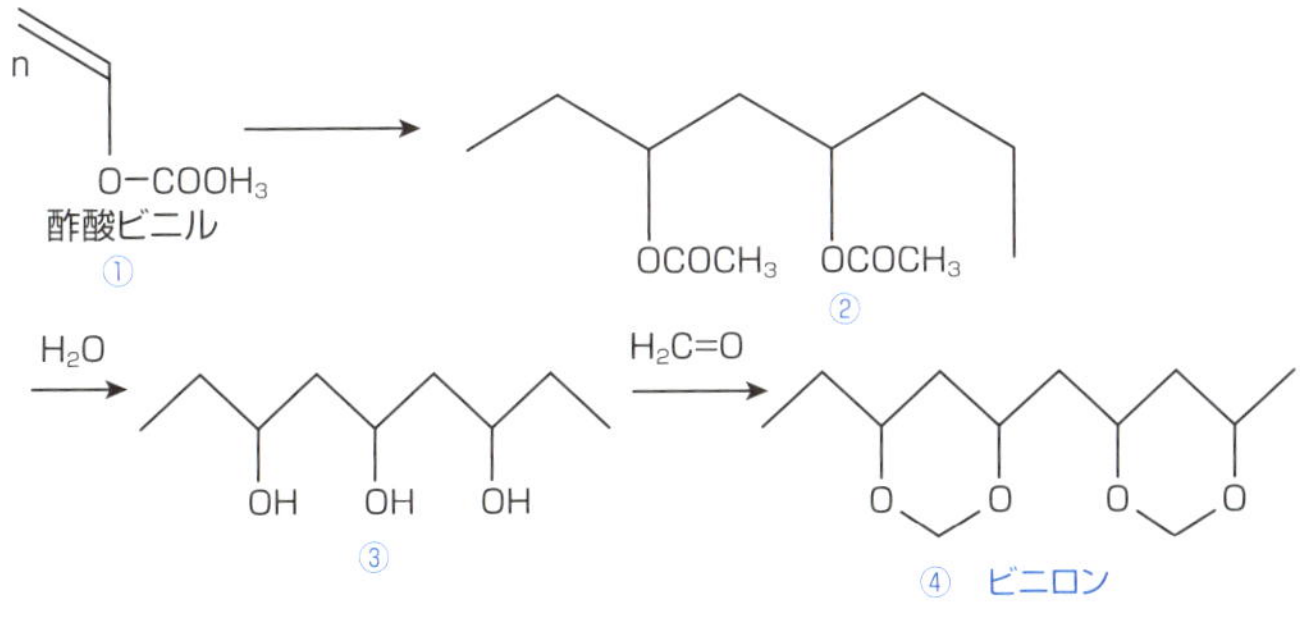

応を起こし、6員環構造が連続した②となります。これを加熱すると脱水素化して芳香族構造のポリキニザリンと呼ばれる高分子③となります。これを400～700℃に加熱すると高分子鎖間でHCNが脱離して縮合した④となります。これをさらに3000℃近い温度で加熱すると炭素だけが残った炭素繊維⑤となるというわけです。

⑤は炭素だけでできた高分子ですので、フラーレンやカーボンナノチューブなどのように炭素の同素体の一種であり、有機化合物でできた有機高分子というよりは無機高分子に分類されるべきものかもしれません。

●炭素繊維の合成

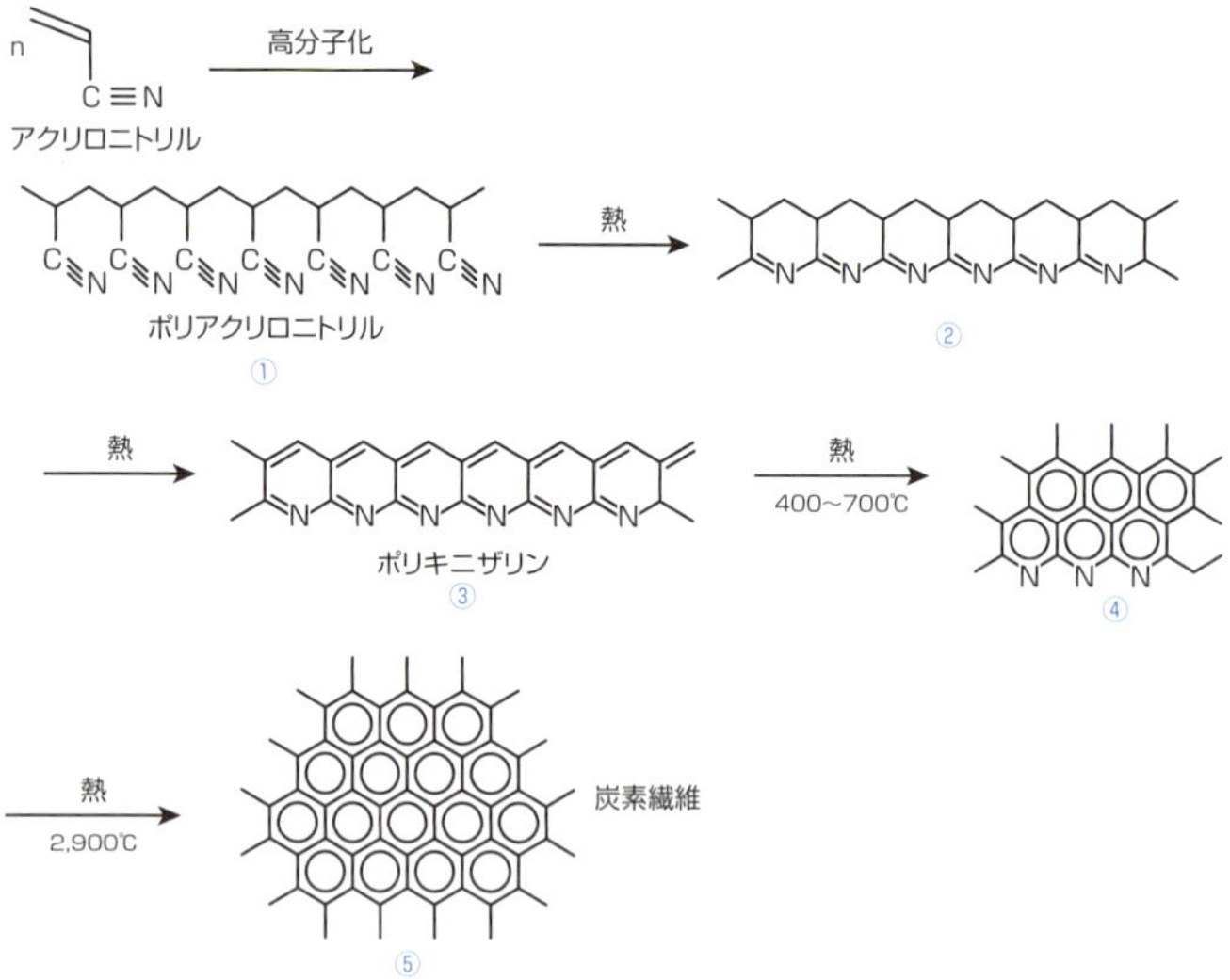

Chapter. 5
高分子の物理的性質

SECTION 21

高分子の力学的性質

高分子は、さまざまな優れた特性を持っていますが、その最も顕著なものは機械的、力学的な性質と言ってよいでしょう。高分子製品は、容器、構造部品、機械部品として丈夫であるばかりでなく、しなやかな弾力を併せ持ち、金属にありがちな脆さは目立ちません。高分子のこのような力学的性質は、高分子の構造とどのような関係があるのでしょうか。

分子量と物性

高分子の機械的、力学的性質は、高分子が何個の単位分子からできているかという、重合度と深い関係があります。そして重合度が端的に反映されるのは高分子の分子量です。

❶ エチレン重合体と重合度

表はエチレン重合体において、その性質が重合度によってどのように変化するかを表したものです。重合度＝1はエチレンそのものであり、分子量は28で気体です。重合度3〜4になるとガソリン、灯油、リグロインなどとなります。そして、重合度10になるとグリース状のワセリンとなり、さらに増えると固形のパラフィンとなります。

ポリエチレンは、この延長線上に来るものであり、1000〜10000という超重合体となります。ポリエチレンは強靭な個体です。

❷ 分子量と物性

次ページの図は高分子の分子量と物性（機械的強度）の関係を表した概念図です。分子量が小さいうちは、ただの炭化水素としての性質しか示しませんが、ある値M_Dに達すると高分

●エチレン重合体と重合度

名前	重合度	分子量	性質	用途
エチレン	1	28	気体 bp　−104℃	プラスチック原料
リグロイン	3〜4	86〜114	蒸発しやすい液体 bp　90〜120℃	ドライクリーニング
ワセリン	〜10	254〜310	半固体、グリース状 bp　300℃	化粧品
固形パラフィン	10〜15	282〜422	もろい固体 mp　45〜60℃	ロウソク
ポリエチレン	1000〜10000	28000〜280000	強じんな固体 mp　137℃	ラップ

子としての性質が現れてきます。この性質は分子量の増加とともに強くなっていきますが、どこまでも強くなるわけではありません。徐々に強度の増加速度は緩くなり、やがてM_Sになると飽和してしまい、それ以上分子量が増えても強度の目立った強化は無くなります。

●分子量と物性

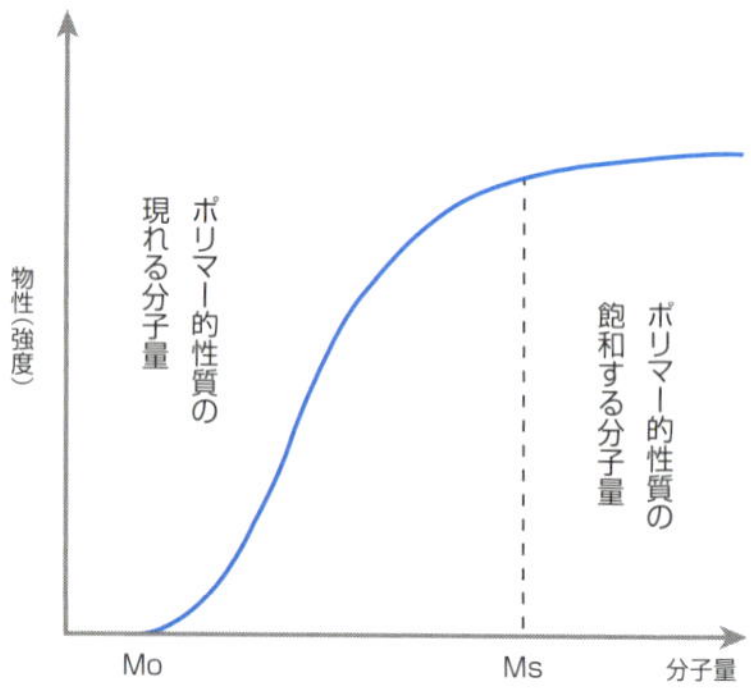

弾性変形

固体状態の物体に力を加えると物体は変形します。力が大きければ変形の度合いも大きくなり、やがて破壊されます。このような変形を「弾性変形」と言います。

フィルム状に成形した高分子に力(応力)を加えて引っ張ってみましょう。もちろん、フィルムは引っ張られて伸びます。このような変形を一般に「ひずみ」と言います。グラフは応力(Strain)とひずみ(Stress)の一般的な関係を表したもので、一般にS－S曲線と呼ばれます。

応力が小さい間は、応力とそれによって現れるひずみの間には、比例関係が観察されます。この時、両者の間の比(応力)／(ひずみ)を「弾性率」と言います。いくつかの物質の弾性率を表に示しました。

一般に硬いものほど弾性率は大きいことがわかります。すなわち、プラスチックの弾性率を基準(1)とした場合、ダイヤモンドは約100と非常に大きいですが、軟らかいゴムでは反対に1／100と非常に小さくなっています。しかし、応力が大きくなると比例関係は失われます。この点を「降伏点」と言います。降伏点を超えると物体は、わずかの力でズルズルと変形し、やがて破壊されてしまいま

●S−S曲線

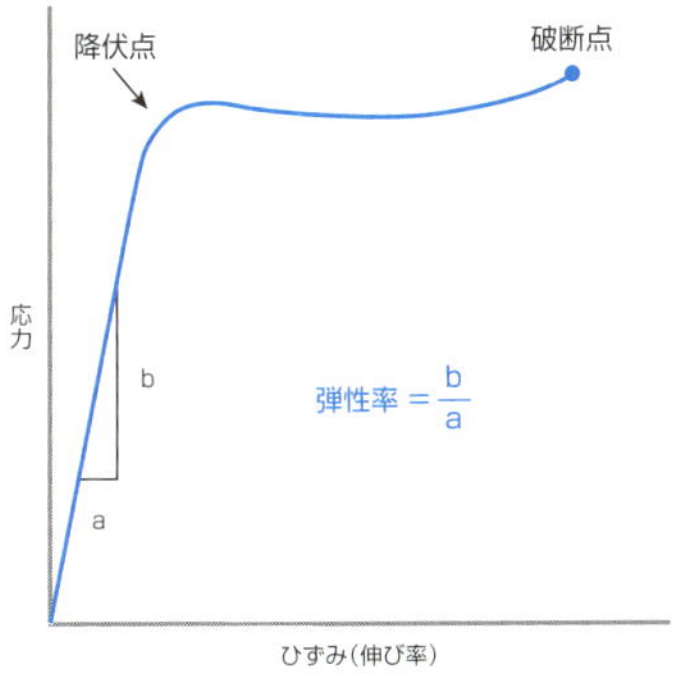

●弾性率

材料	弾性率の比
ダイヤモンド、鋼鉄	約100倍
ガラス、コンクリート	約10倍
プラスチック、木材	1
ポリエチレン	約1/10倍
天然ゴム	約1/100倍

す。この点を「破断点」と言います。
S－S曲線を見ると物体の力学的特性を推定することができます。

典型的なS－S曲線

グラフA、BはS－S曲線の典型的な例です。グラフAの物体は、応力を加えてもほとんどひずみが起きていません。そして、ひずみが起きるとすぐに破壊されてしまいます。このような物体は硬くて脆いということになります。ダイヤモンドや炭素をたくさん含んだ鋳鉄（銑鉄）などがこのようなものです。

それに対してグラフBでは、わずかの応力で大きく変形していきます。これは軟らかい物体であり、ゴムなどが典型となります。

●S－S曲線の典型的な例

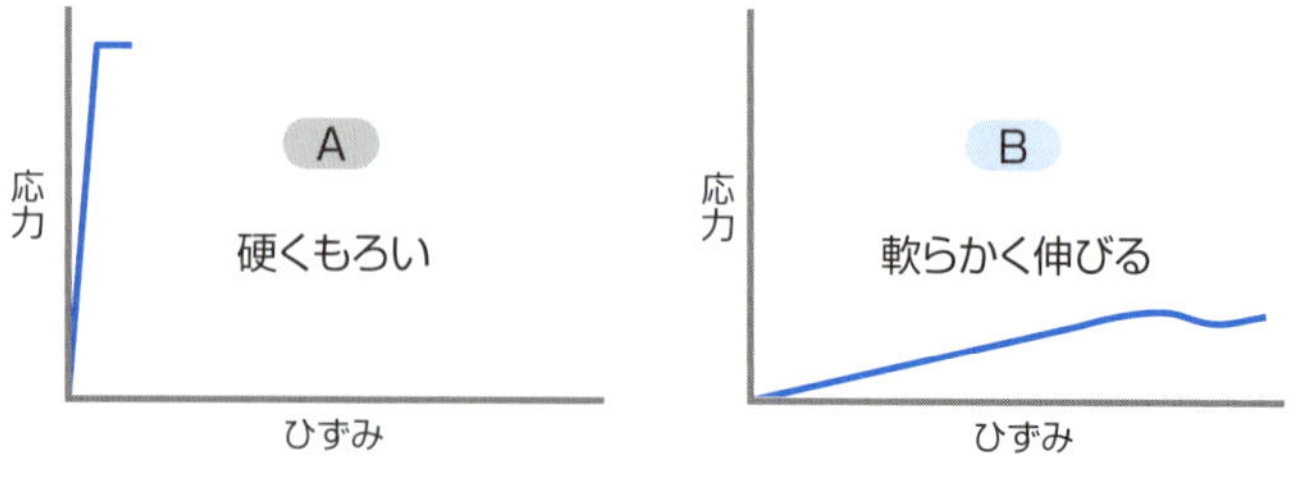

高分子のS－S曲線

図はいくつかの高分子のS－S曲線を表したものです。ケプラーは非常に強靭な高分子であり、防弾チョッキに利用されるほどですが、そのS－S曲線は、このグラフAに類似しており、硬くて脆いことがわかります。それに対してゴムはグラフBに酷似しています。

ガラス繊維は、ケプラーに近く、ポリエステルやナイロンはケプラーとゴムの中間の性質であり、適度の硬さと柔軟性を持つことがわかります。

●高分子のS－S曲線

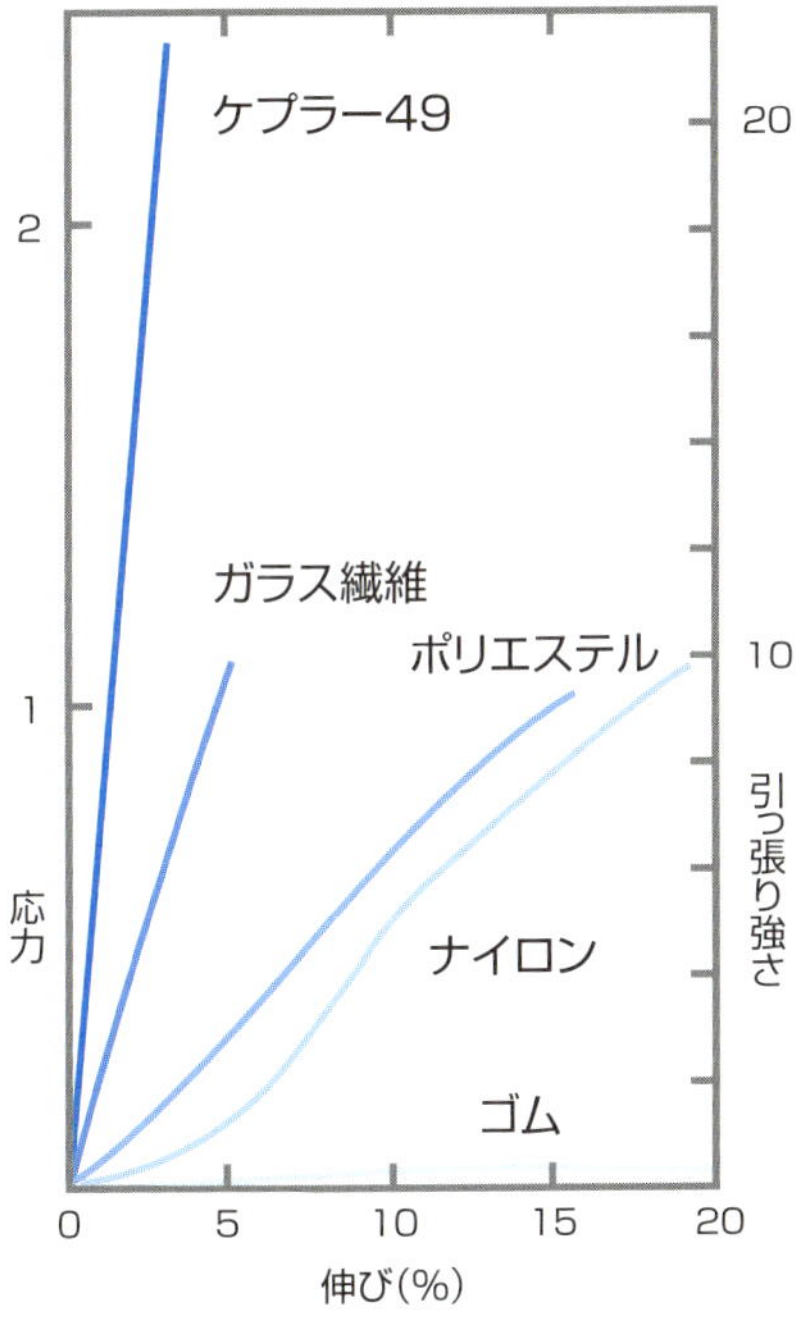

SECTION 22

粘弾性

物体は弾性体と粘性体に分けることができます。弾性体とは応力を加えると変形するが、応力を取り去ると直ちに元の形に戻るもののことを言います。鉄、ガラス、ゴムなどが弾性体です。それに対して粘性体は容器の形に合わせて変形し、元に戻ることはありません。水や粘土などが粘性体です。

粘弾性

高分子の性質は弾性と粘性を併せ持ってお

●粘弾性の様子を表したグラフ

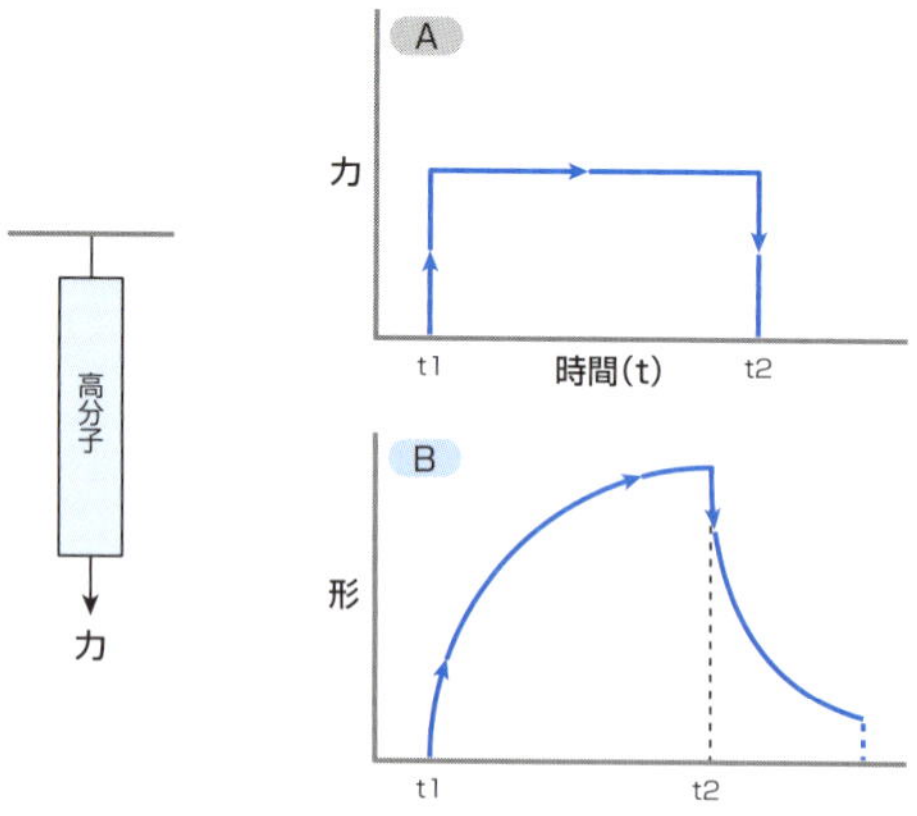

り、粘弾性と呼ばれます。すなわち、応力を加えると徐々に変形し、応力が働いている間は変形を続けますが、やがて飽和に達します。一方、この状態から応力を外しても直ちに元の形に戻るわけではなく、またゆっくりと元の形に戻ります。

グラフAとBは、この様子を表したものです。すなわちグラフAは応力の変化、グラフBはそれによって現れた変形の程度を表します。

バネとダッシュポットモデル

高分子のこのような粘弾性は、バネとダッシュポットを組み合わせたモデルを用いて解析されることが多いです。

❶ バネとダッシュポット

バネは言うまでも無く、応力を掛ければ直ちに伸び、応力を取り去れば直ちに元の形にもどります。一方、ダッシュポットは油を満たした円筒容器の中で穴の開いた円盤を上下させる道具です。そのため、円盤が上下するためには粘稠な油が円盤の穴を通らなければならないので、動きが緩慢となります。

❷フォークモデルとマクスウェルモデル

バネとダッシュポットを組み合わせたモデルを考えると、応力によって長さは伸びますが、その伸び方はダッシュポットの動きによって緩慢となります。応力を取り去るとバネの復元力によって元に戻りますが、その戻り方もまたダッシュポットの影響により緩慢となり、何事にも緩慢という高分子の性質が巧みに再現されます。

このようなモデルには、両者を並列の関係に結合したフォークモデルと、直列の関係に結合したマクスウェルモデルがあります。

●バネとダッシュポットを組み合わせたモデル

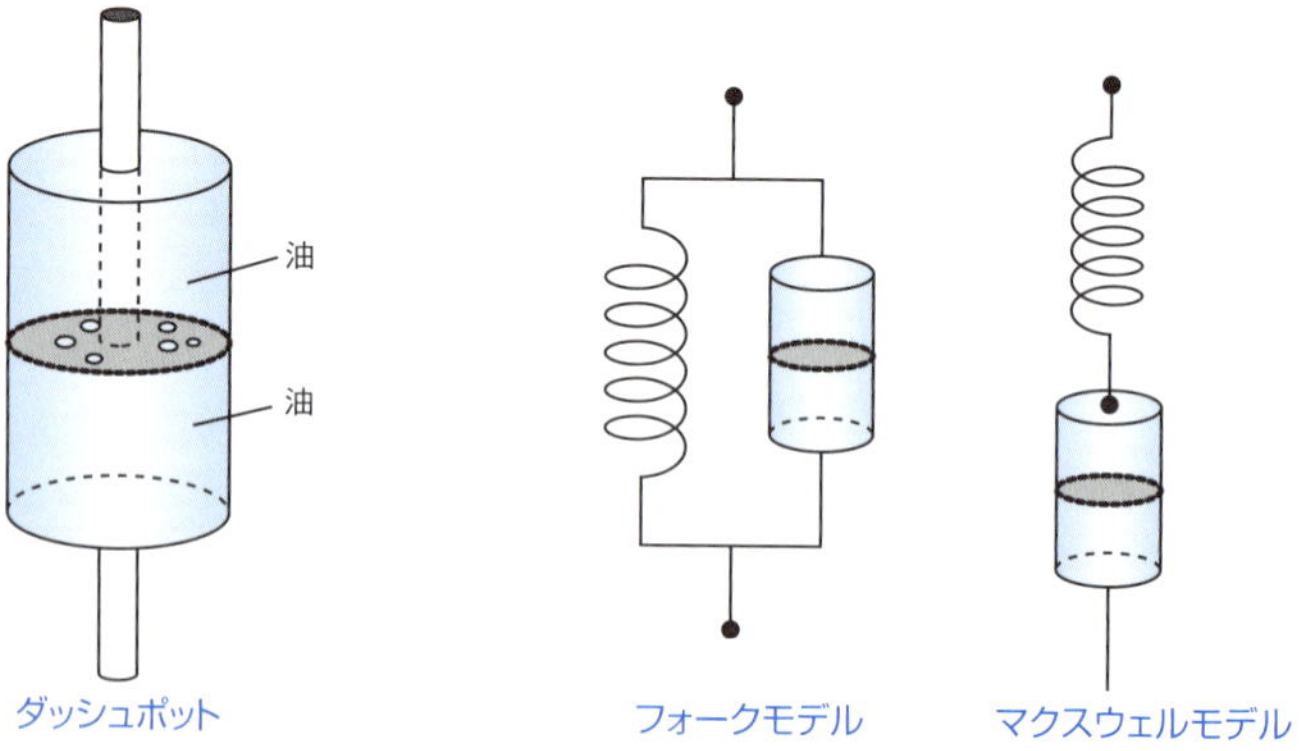

SECTION 23 高分子の光学的性質

高分子は多彩な性質を持っています。その中でも特筆すべき性質は透明性です。各種材料の中で、固体で透明なものは、昔は水晶かガラスしかありませんでした。

この状態を根本から変えたのが高分子です。有機ガラスとも称されるほど透明でガラスよりもさらに透明なポリメタクリル酸メチルは、アクリル樹脂の一般名で私たちの生活の隅々にまで浸透しています。

光とは？

高分子の光学的性質を見る前に、光そのものを見ておきましょう。光は電磁波の一種であり、波長λ《ラムダ》と振動数ν《ニュー》を持った横波です。波長と振動数の積は光速cになります。電磁波は、エネルギーEを持っており、それは振動数に比例し、波長に反比例します。電磁波のうち、波長が400~800nmのものだけが人間の目というセンサーでとらえることができ、それを特に「可視光線」と言います。可視光線のうち、波長の長いものは赤く見え、短いものは青く(紫)見えます。

波長が可視光線より短いものは紫外線、それより短いものはX線、あるいはγ(ガンマ)線と呼ばれます。X線やγ線は非常に高エネルギーなので生体に有害なことは言うまでも無いことでしょう。

一方、赤い可視光線より波長の長いのは赤外線であり、人間は皮膚というセンサーで熱として感知するので、一般に熱線と言われます。さらに長いものは短波、長波などと呼ばれる電波となります。

●電磁波の種類

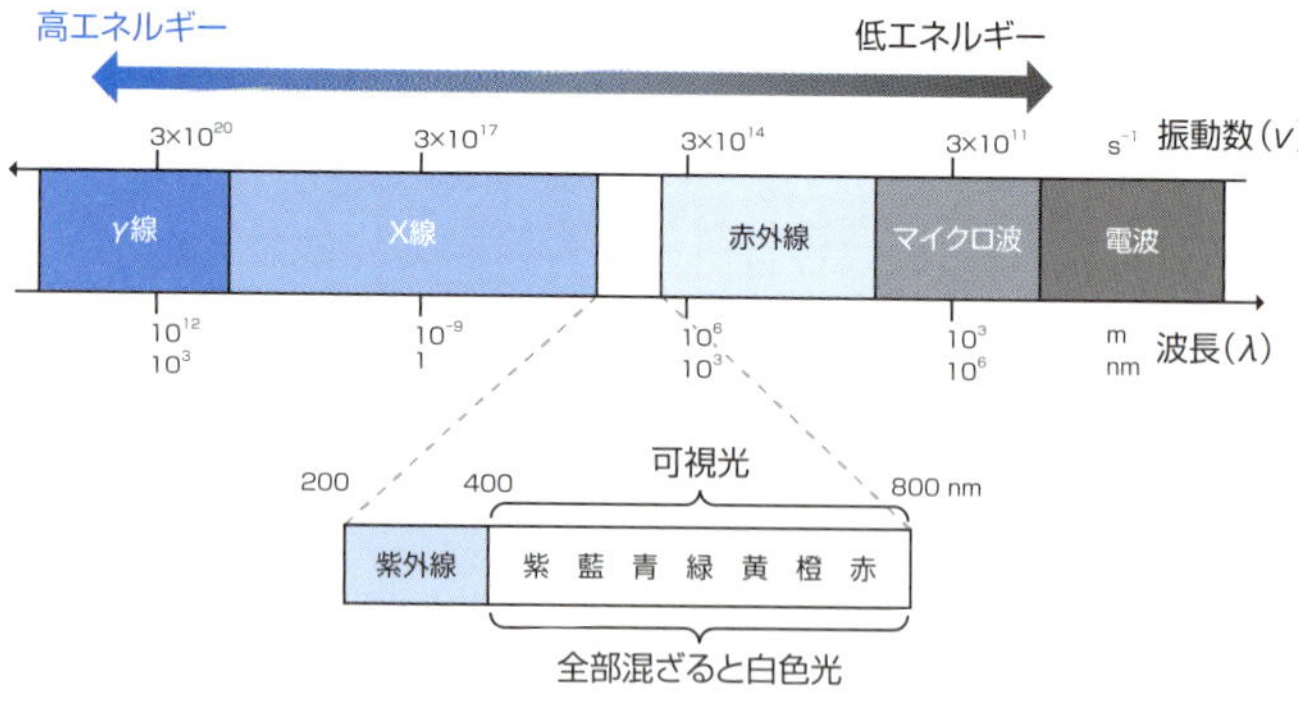

透明性

物体が透明であるということは、その物体に射し掛った(入射した)光が、物体を通過して反対側から出た(透過した)ということを意味します。この出た光が私たちの目に飛び込んでくるのです。しかし、入射光がそのまま透過するためには、次の2つの条件をクリアしなければなりません。

❶入射光が物体によって吸収されて、無くならないこと

❷入射光が物体内で反射されて元の入り口に戻ってしまわないこと

化学的に考えると最も興味があり、面白い問題を抱えているのは❶です。しかし、光吸収は波長によって異なるので、可視光線と赤外線で分けて考える必要があります。

●電磁波の種類

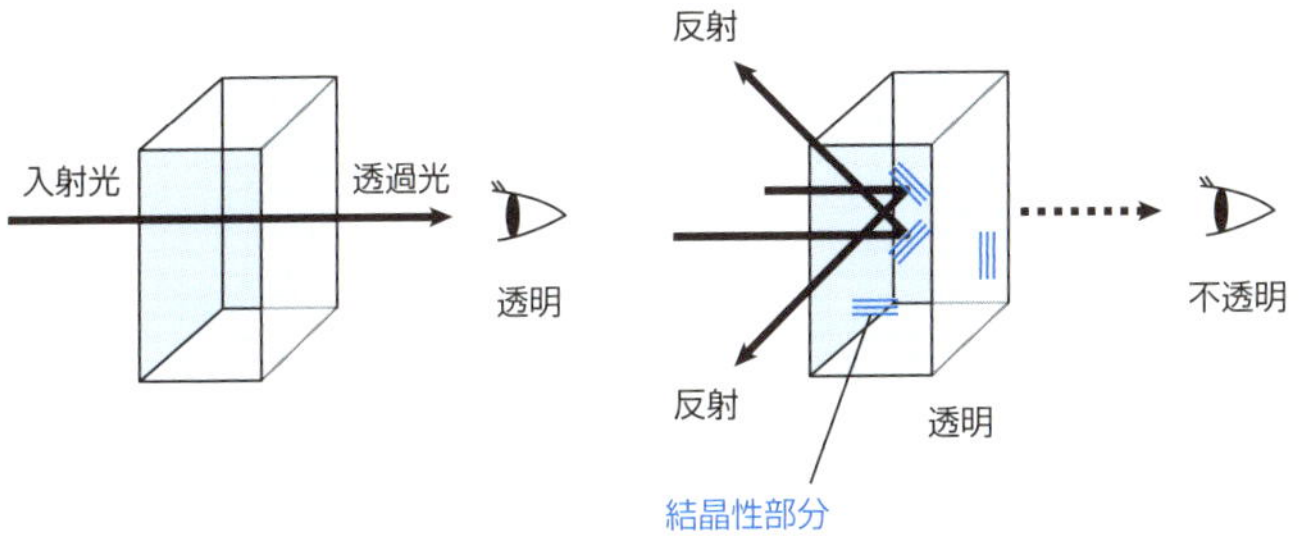

有機分子が可視光線を吸収するのは電子遷移に基づくものです。そのためには、一重結合と二重結合が交互に並んだ共役二重結合の存在することが必須条件であり、しかもその共役二重結合は長いものであることが必要です。

高分子の多くは一重結合でできており、よほど特殊なもので無い限り、可視光線を吸収してしまうようなものはありません。したがって、高分子の可視光線に対する透明性は❷にかかっていることになります。

一方赤外線の吸収は分子の振動や回転などの分子運動によって起こります。特に赤外線を強く吸収するのはC－H結合やO－H結合です。そのため、このような結合をたくさん含んでいる高分子は赤外線領域、場合によっては赤色光に対する透明度が落ちる可能性があります。

非晶性

水は透明です。これは水分子が可視光線を吸収しないからです。したがって水の結晶である氷も透明です。ところが同じ氷でできたカキ氷は不透明です。これは、氷は単結晶であるのに、カキ氷は結晶のカケラでできた多結晶であるからです。つまり、光は多結晶の表面で乱反射してしまうからです。高分子も同じです。高分子は本質的には液体と似たアモルファスであり、透明なのです。ところが不透明な高分子があるのは、固体高分子の内部に多結晶が存在するからです。すなわち、結晶性の高分子は乱反射によって不透明になり、非晶性の高分子は液体と同じように透明になるのです。

ポリエチレンでいえば、枝分かれが少なく、束ねられやすい高密度ポリエチレンは結晶性が高いので不透明です。しかし、枝分かれが多く、構造が乱雑な低密度ポリエチレンは結晶化しないので透明というわけです。

光屈折性

光の進行速度(光速)は光が進む媒体によって異なります。媒体によって異なる光速の比を「屈折率」と言います。特に真空中から物体に入射した光の屈折率を「絶対屈折率」と言います。その結果、空気中を進行する光が物体内に侵入すると、光路の方向が変わることがあります。この現象を「屈折」と言います。

❶屈折率

屈折率は光学レンズの作成にとって重要なもので、屈折率の大きい素材を用いればそれだけ薄いレンズを作ることができ、レンズや光学機器の設計製作に有利になります。表はいくつかの高分子とガラスの屈折率などをまとめたものです。

ガラスの場合、鉛を入れたクリスタルレンズなどの場合は屈折率1・9と大きなものもあります。高分子の場合には1・5～1・6程度と、普通のガラスとほぼ同じ程度になっています。

屈折率は材料の単位重量当たりの体積、比容によっても変化しますから、熱膨張率や吸水率の大きい材料は使用温度や湿度によって屈折率が変化する可能性があるので注意する必要があります。

●高分子とガラスの屈折率

	PMMA	PC	PS	ガラス
光透過率	92	88	89	90
屈折率	1.49	1.59	1.59	1.5～1.9
複屈折率	−0.0043	0.106	−0.10	～0
熱変形温度(℃)	100	140	70～100	
吸水率	2.0	0.4	0.1	
アイゾット衝撃強さ (kg・f・cm/cm)	2.2～2.8	80～100	1.4～2.8	

PMMA：ポリメタクリル酸メチル　PC：ポリカーボネート　PS：ポリスチレン

❷ 複屈折率

物質によっては複屈折という現象を起こすものがあります。これは光の入射角度によって屈折率が異なる現象であり、これが起こるとその素材を透かして見た対象が二重に見えることになります。有名なものに蛍石があります。光学レンズに起こった場合には重大な支障となります。

先の表に複屈折率も示しておきました。ポリカーボネート(PC)は複屈折率が大きいことで知られています。すなわち、透明高分子の両雄ともいうべきPCとポリメタクリル酸メチル(PMMA)を比べると屈折率ではPCが大きくて優れているのですが、PCは同時に複屈折率も大きく、その点ではPMMAが優れているという、痛し痒しの状態です。複屈折という現象は材料の加工精度や取り付けの際のひずみなどによって現れることもあります。

●屈折と複屈折

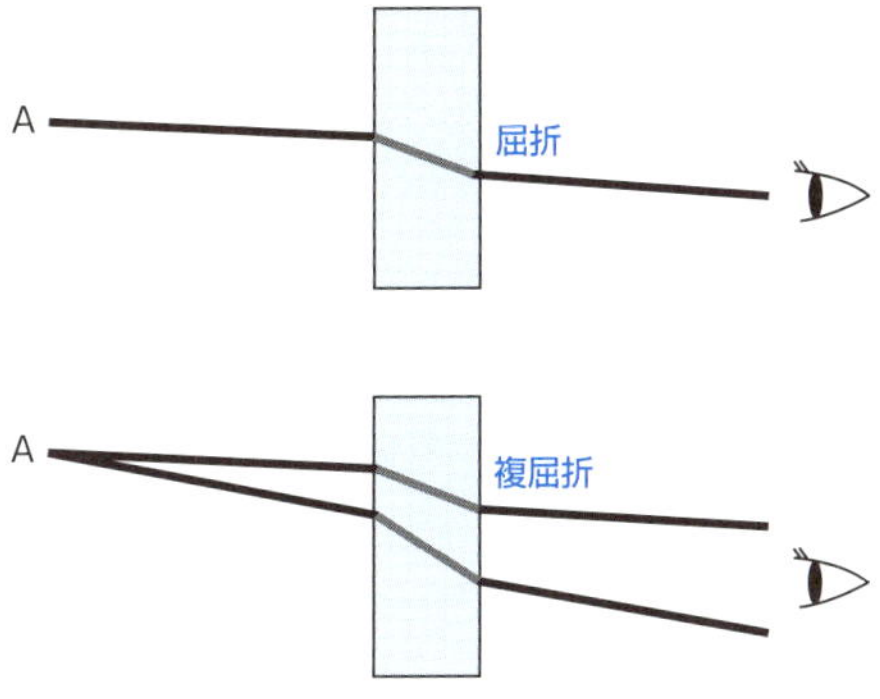

最近の水族館の巨大さには目を見張るものがあります。何メートルもあるような巨大なジンベイザメが悠々と泳いでいます。水族館がこのように大きくなったのは高分子のおかげです。水族館の巨大水槽のガラスを本物のガラスで作ったら、その重みで普通の建物は耐えられないでしょう。もう1つは巨大ガラスの運搬です。あのように大きなガラス板を運搬するのは、大きさ、重さ、両方の点から不可能です。

それに対して有機ガラスの場合には小さく切断して現場で接合して組み立てることが可能なのです。透明プラスチックの接合は接着剤を使った接着ではありません。鉄板の溶接と同じように両方のブロックを溶かして繋ぐ溶着ですから、接合面が見えなくなるのです。

しかし、有機ガラスにも欠点は有ります。それは軟らかくて傷付きやすいということです。そのため、アザラシやセイウチなど、爪のある動物の水槽は強化ガラスで作ってあると言われます。

SECTION 24

高分子の電気的性質

物質には電気を通すものと通さないものがあります。良く通すものを「良導体」、通さないものを「絶縁体」、中間のものを「半導体」と言います。

かつて、有機物は電気を流さない絶縁体と考えられ、有機物の一種である高分子も絶縁体と考えられていました。現に高分子は軽くて柔軟な絶縁体として電線の被覆材として大量に用いられています。

しかし、現在では電気を通す導電性高分子はもちろん、超伝導性を持つ有機超伝導体まで開発されています。

高分子の絶縁性

いくつかの物質の伝導度を次ページの図にまとめました。良導体と言うのは動きやすい電子を持っている物質であると考えることができます。そのため、金属結合に由来する自由電子を持つ金属は典型的な良導体となっています。

それに対して電子対を基本とする共有結合でできた有機物には自由に移動できる電子は存在しません。そのため、有機物は高分子を含めて絶縁体なのです。つまり、伝導性高分子であるポリアセチレンは、後の章で見ることにして、普通の高分子は軒並み絶縁体となっています。

ポリエチレンやポリ塩化ビニルは代表的な絶縁体として電線の被覆などによく用いられています。また屋外の電線や大容量の電流を流す電線の被覆には架橋反応を施して機械強度を高めた架橋ポリエチレンが用いられます。

●伝導度

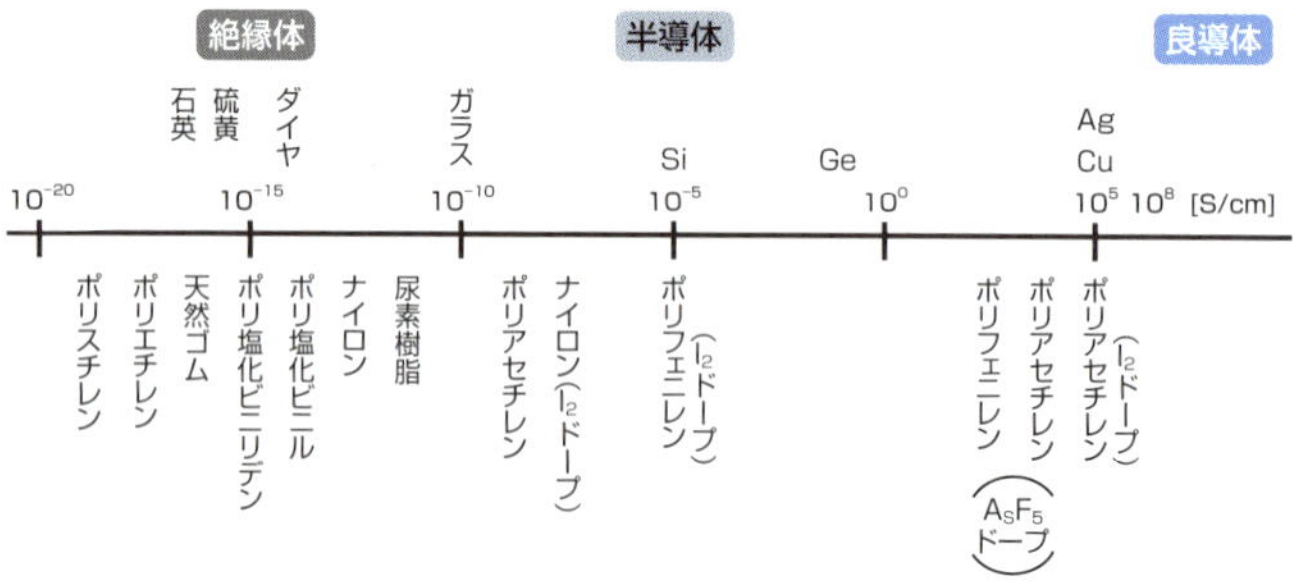

高分子の静電気

良導体である金属と絶縁体である高分子を擦り合わせると、移動の容易な金属の電子が高分子に移動します。この結果、金属がプラス、高分子がマイナスに帯電することになります。これが静電気の起こる原因です。

静電気の起きやすさとその程度は摩擦帯電列で推定することができます。これは摩擦で起こる静電気の正負と、その強度の順序で並べたものです。帯電列で離れていればいるほど、その

●静電気の起こる原因

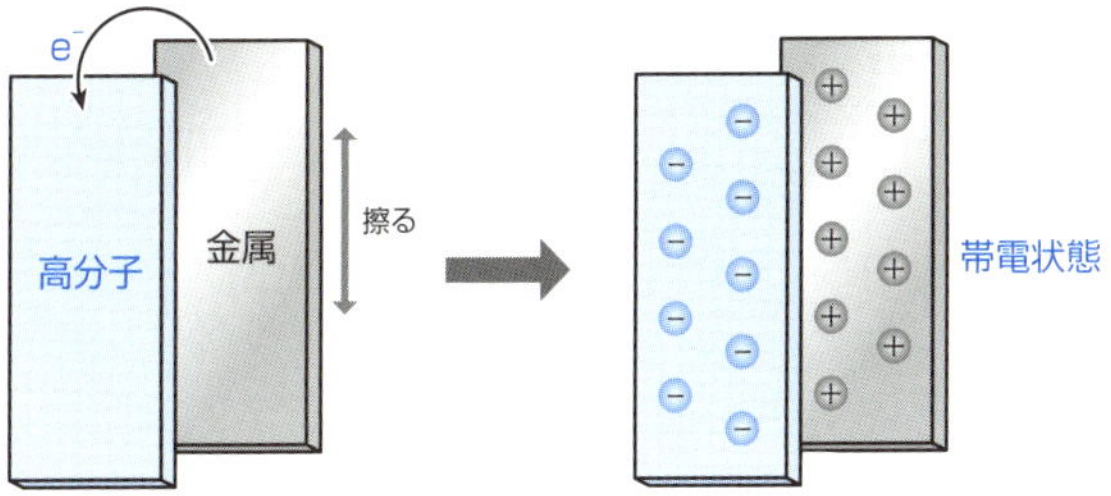

●摩擦帯電列

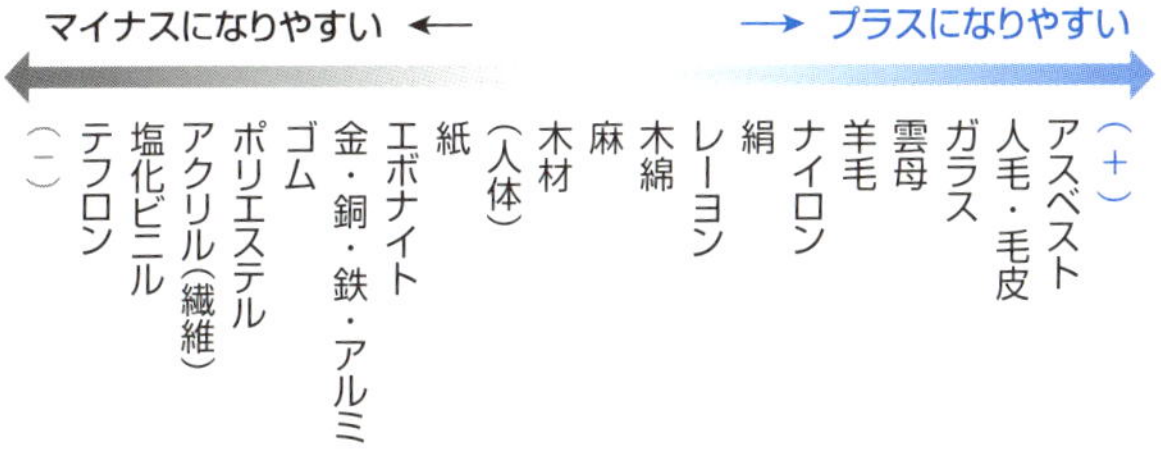

両者を擦った場合に起こる静電気が大きいことになります。これを見ても高分子は静電気を帯びやすいことがわかります。

静電気は、冬にドアノブに触ったときの衝撃が印象的ですが、埃が吸着するなど多くの弊害が起きています。各種電気機器の誤作動に留まらず、心臓のペースメーカーにまで影響が及ぶこともあります。さらに静電気に基づく火花は、粉塵爆発などさまざまな災害の原因になったりします。かつての巨大飛行船ヒンデンブルグ号の爆発事故もその可能性が指摘されています。

高分子の導電化

静電気を防ぐには高分子を導電化して溜まった電子を流し去ってやればよいのですが、そのために導電性高分子を用いるのは困難な場合もあります。そのような場合に便利な方法があります。1つは高分子に導電性物質の粉末を練り込んでやるというものです。そのために用いられるものには、金属粉、炭素粉、各種アンモニア塩などがあります。また、プラスチック製品を金属メッキすることも有効な方法となります。

静電気による火災

表①は石油のセルフスタンドで発生した火災のうち、原因が静電気のものの発生件数です。空気の乾燥した冬から春に掛けて多く発生していることがわかります。

表②は火災の発生した時点です。給油中に発火した場合には、給油口を閉鎖できないとか、溜まったガソリンに引火と言うようなことが起こりえるので大変に危険と言えるでしょう。

●静電気が原因で火災が発生した件数(表①)

年度／月	1	2	3	4	5	6	7	8	9	10	11	12	計
13				2									2
14			3		1					1		2	7
15	1				1					2			4
16	1											1	2
17	1	1										1	3
合計	3	1	3	2	2					2		4	18

●火災の発生した時点(表②)

年度	給油キャップを開けた際に着火	給油中に着火(再開時、終了後を含む)	計
13	2		2
14	3	4	7
15		4	4
16	1	1	2
17		3	3
合計	6	12	18

SECTION 25

高分子の誘電性

物資を電場に置くと物質に荷電が現れることがあります。この現象を誘電と言い、誘電を起こす物質を「誘電体」と言います。高分子も誘電体の一種です。誘電を起こす程度を比誘電率で表します。数値が大きいほど誘電しやすいことを意味します。いくつかの高分子の比誘電率を表で示しました。

誘電のメカニズム

誘電を起こすメカニズム（機構）にはいくつか考えられます。

❶電子分極

●高分子の比誘電率

		ポリエチレン		ポリプロピレン	メチルペンテン樹脂	ポリカーボネイト	塩化ビニール樹脂	メタクリル樹脂
		低密度	高密度				硬質	一般用
比誘電率	60HZ	2.25～2.35	2.30～2.35	2.2～2.6	2.12	2.9～3.1	3.2～4.0	3.3～3.9
	10^6HZ (MHz)	2.25～2.35	2.30～2.35	2.2～2.6	2.12	3.1	2.8～3.1	2.2～3.2

原子の電子雲が偏在を起こして誘電を起こすものです。ポリエチレンやポリプロピレンなど無極性の高分子に現れます。

❷ 双極子分極

物質を構成する個々の分子に誘電が現れるものです。ナイロンやPETなどのように、分子内に極性の置換基を持つものでは分子が誘電を起こして双極子となり、その方向が電場に配向することによって誘電を起こします。

❸ 原子分極

原子やイオンの移動によるものです。

●誘電のメカニズム

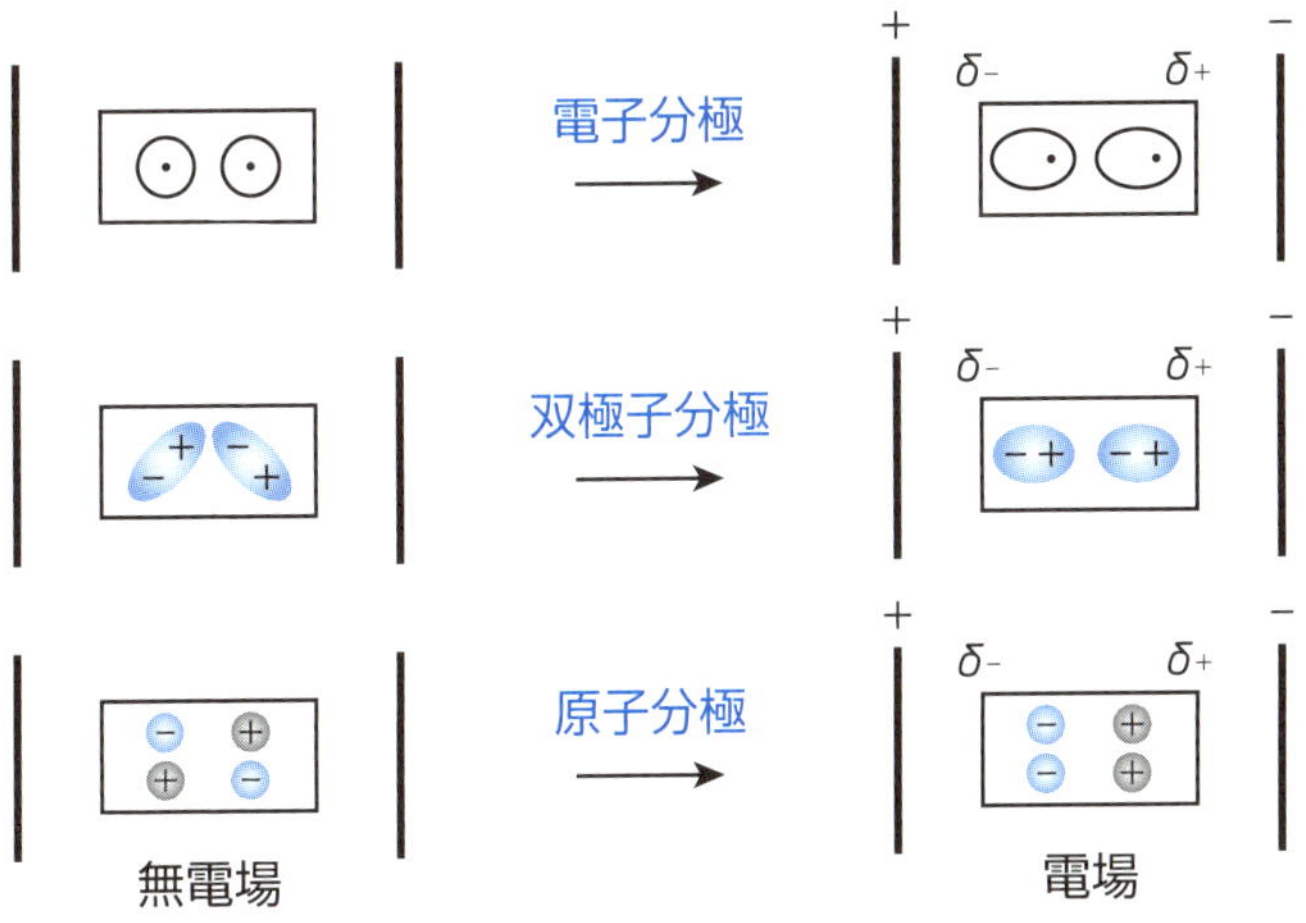

NaClのようなイオン性物質を電場におくとイオンが移動することによって誘電が起こります。

誘電現象

誘電体を交流電場におきます。すると周波数に応じて電場の方向が逆転するため、物質が対応できなくなります。その結果、物体は電気エネルギーを吸収して発熱してしまいます。これを誘電損失と言い、貴重な電気エネルギーの損失に繋がります。特に電線の被覆にこの現象が起こると多大な電力損失になります。誘電特性の小さい高分子の開発が待たれます。

しかし、また一方、誘電特性の高い物体はフィルムにすることによって高性能のコンデンサーを作ることができます。

●誘電現象

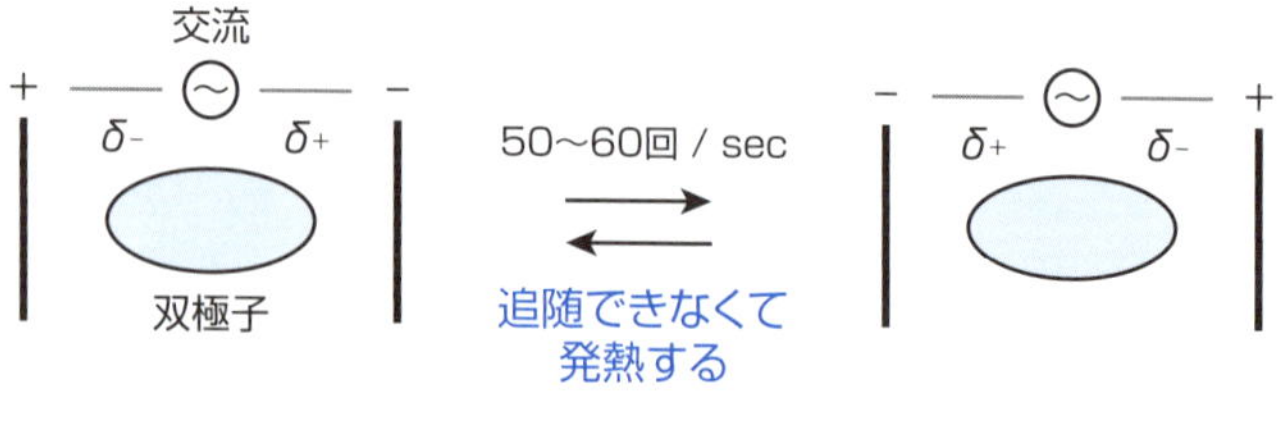

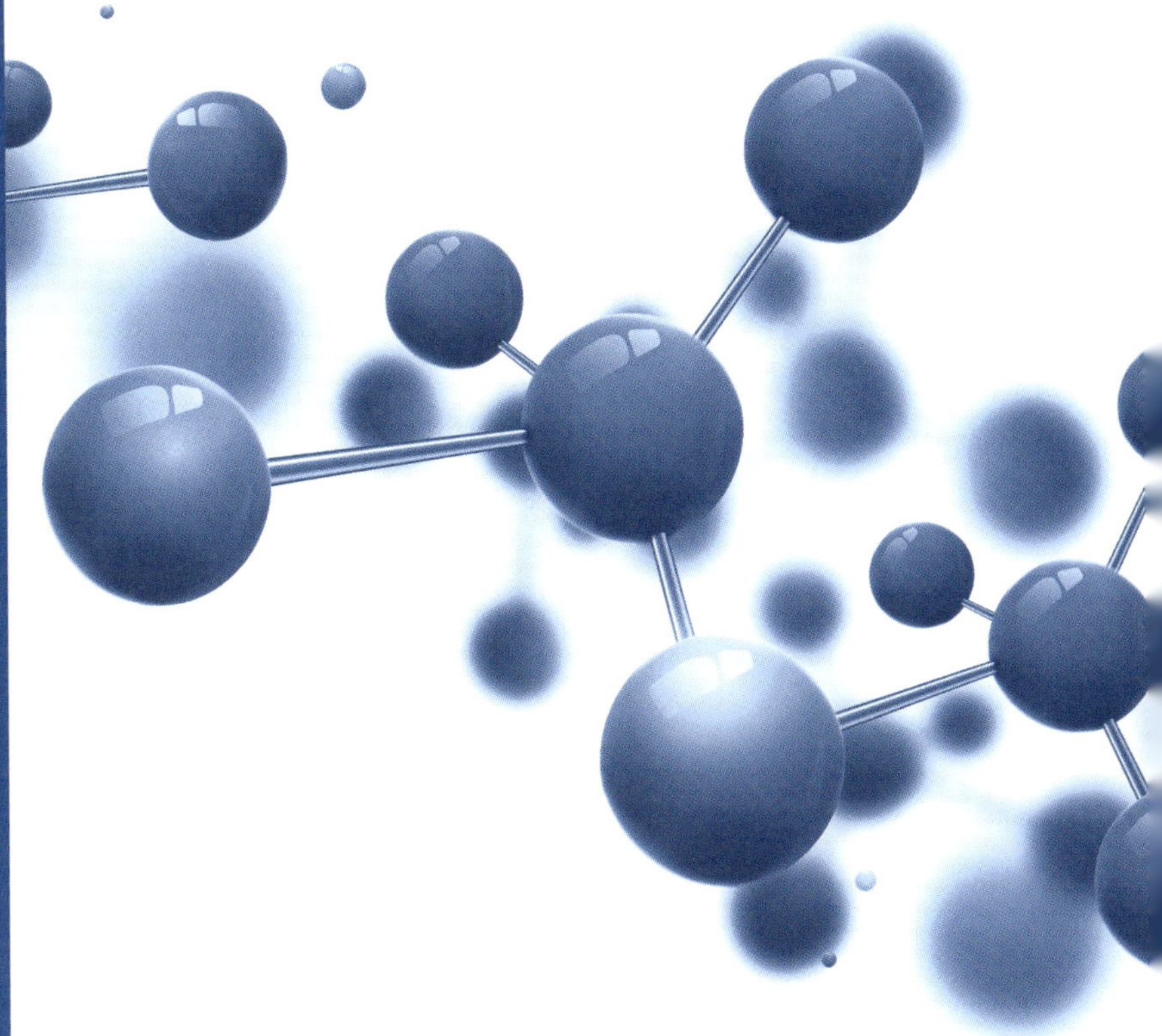

Chapter. 6
材料としての高分子

SECTION 26

熱可塑性高分子と熱硬化性高分子

高分子には熱可塑性高分子と熱硬化性高分子があり、その性質は互いに大きく異なります。それだけに、材料、素材として用いる場合にもその用途には大きな違いがあります。構造、性質などに関して、ここでまとめておきましょう。

構造

熱可塑性高分子と熱硬化性高分子も高分子ですから、小さな単位分子がたくさん結合したものであることに違いはありません。違いはその繋がり方です。

❶熱可塑性高分子

熱可塑性高分子の単位分子は基本的に2カ所で結合します。したがって出来上がった高分子は基本的に直線状となります。しかし、反応条件によっては枝分かれが生じることもあります。

熱可塑性高分子の代表とも言うべきポリエチレンには高密度ポリエチレンと低密度ポリエチレンがあります。これは枝分かれ構造の有無によるものです。枝分かれが無い場合には高分子鎖は互いにピッタリと寄り集まることができます。そのため、単位体積当たりの分子数が多くなるので密度が高く(0.94以上)なります。

それに対して枝分かれがあると枝が邪魔になってピッタリすることができません。そのため、密度も低く(0.94〜0.90)なるというわけです。

❷ 熱硬化性高分子

熱硬化性高分子の単位分子は多くの場合3箇所で結合します。そのため、至る所で枝分かれが生じ、その結果分子は

●ポリエチレンの構造

網のように二次元に広がります。これがまるで手ぬぐいを丸めてボールにしたようになって固体になっているのが熱硬化性高分子です。

したがって、熱硬化性高分子の製品は、製品全体が1個の分子と言ってもいいような状態になっています。

●熱硬化性高分子の構造

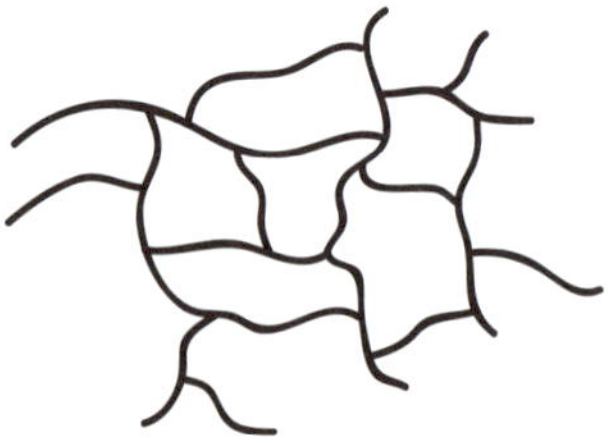

熱硬化性樹脂

性質

熱可塑性高分子は糸状の高分子が何本も集まって固体になったものです。そのため、各分子は移動の自由度があり、その自由度は温度の上昇とともに大きくなります。これが、熱可塑性高分子が高温で軟らかくなる理由となります。

熱可塑性高分子は加熱すると軟らかくなり、冷やせば固まって硬くなります。そのために高分子は容易に成形できます。すなわち、加熱して液体状になった高分子を型に入れて冷やせば出来上がりです。成形しやすいことは高分子の一大長所です。しかし、これはまた一大短所でもあるのです。

透明で使い捨てのプラスチックコップに熱いお茶を入れて変形し危険を感じたことのある人は多いでしょう。

それに対して熱硬化性高分子では、分子は移動の自由度はもちろん、振動の自由度さえ制限されることになります。そのため高温になっても柔軟になることが無いのです。無理に加熱すると木材のように焦げて黒くなり、さらに加熱すれば燃えてしまいます。

用途

このような高分子にどのような使い道があるのでしょうか？ まずは食器です。熱可塑性樹脂でお椀を作ったらどうなるでしょうか。味噌汁を入れてゆがむような食器では怖くて使えません。調理用具でもフライパンの柄やナベの蓋のつまみなどは熱硬化性高分子でできています。

電気器具のコンセントも熱くなる可能性がありますが、そのたびに軟らかくなられたのでは危険でたまりません。テーブルも同じです。熱いスープ皿を置いたからと言って変形されたのでは困ります。これらは熱硬化性樹脂でなければならないのです。

また、複合素材のマトリックスとしても活躍します。複合素材と言うのはコンクリートのように、2種類の異なった素材(セメントと鉄筋)を混ぜて、両方の良い所を引き出した素材です。小型船舶の船体、浴槽、釣竿などに使われるグラスファイバーはガラス繊維を硬化性樹脂で固めたものです。最近、航空機ボーイング787で有名になった炭素繊維も高分子の繊維を布状に織って、それを熱硬化性樹脂に浸して固めたものです。

高分子の成形法

熱硬化性樹脂は出来上がると硬くなり、加熱しても軟らかくはなりません。これではプラスチック特有の成形法、すなわち、加熱して型に入れて成形するという簡易成形法は不可能です。熱硬化性樹脂はどのようにして成形し、製品にするのでしょうか?

その前に、熱可塑性樹脂の成形法を見ておきましょう。

❶熱可塑性樹脂の成形法

熱可塑性樹脂の成形法には、射出成形法とブロー成形法があります。射出成形法は、加熱して液体状に溶融した高分子を型に入れて成形するものです。型には雄型と雌型が必要であり、正確な成形が可能です。

ブロー成形法は雌型の中に風船状の高分子を入れ、中で膨らませて成形するものです。瓶状、あるいは袋状のものを作るには便利な方法ですが、製品の形が甘くなる傾向があります。

❷熱硬化性樹脂の成形法

熱硬化性樹脂は完成してしまったら

●射出成形法

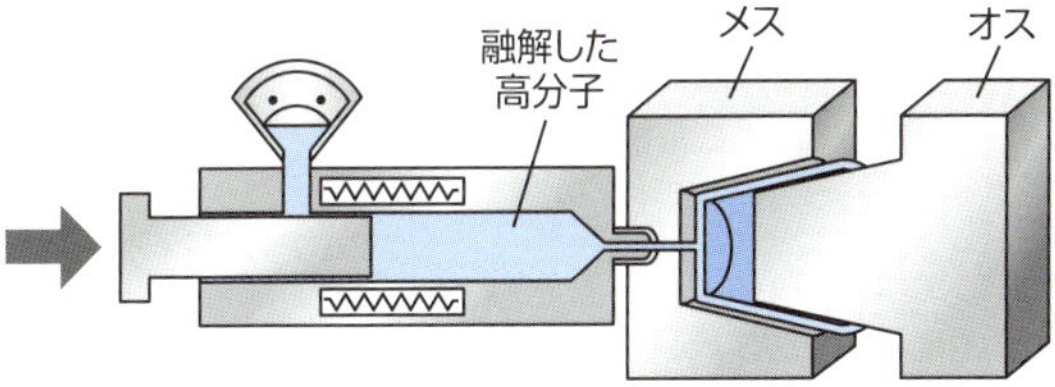

●ブロー成形法

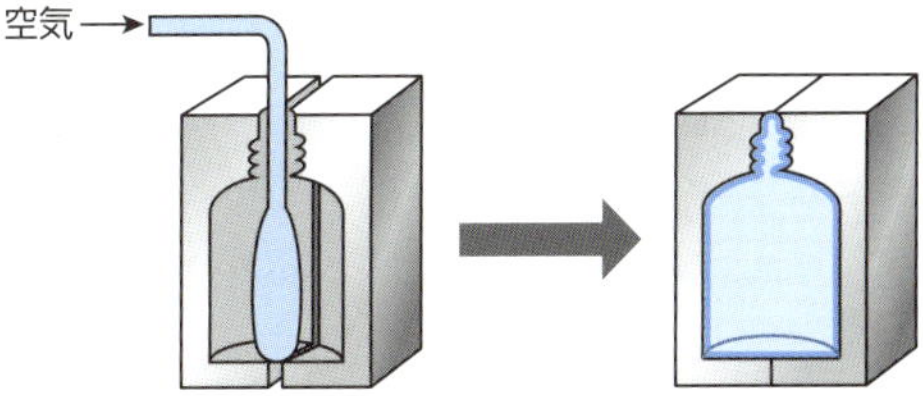

（参考）初歩から学ぶプラスチック，工業調査会（1995）中村次雄、佐藤功著

成形はできません。そのため、完成途上の赤ちゃんのような状態の高分子を用います。この状態の高分子は、まだ分子構造に自由度がありますから、加熱すると軟らかくなります。

つまり、型の中に、この赤ちゃん高分子を入れて加熱するのです。すると型の中で高分子化が進行し、最終的に型の通りの熱硬化性樹脂製品が出来上がるのです。

これは小麦粉を溶かしたものを型に入れて加熱して作る人形焼などをイメージするとよいでしょう。

●熱硬化性樹脂の成形法

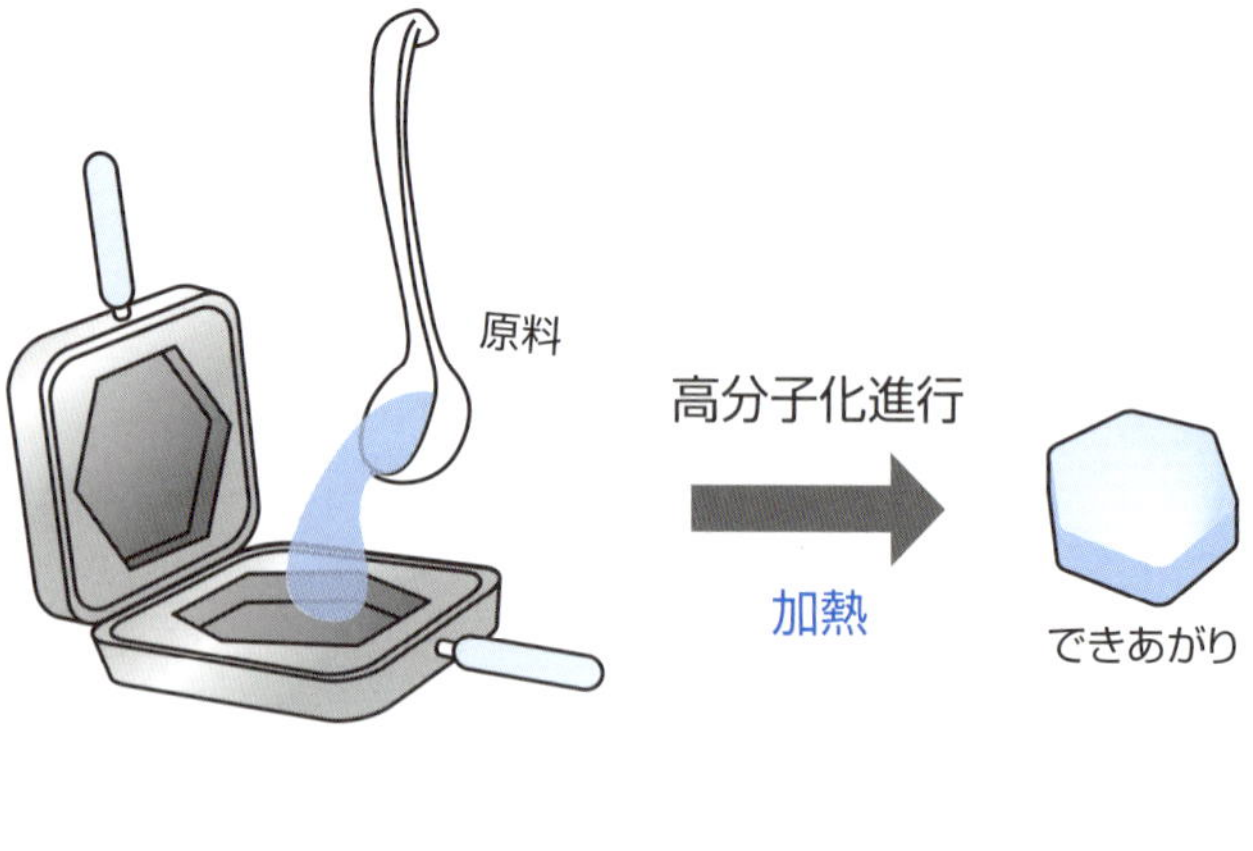

SECTION 27

ゴムと熱可塑性エラストマー

ゴムは私たちの生活の隅々にまで行き渡っています。ゴムは古くから知られた素材であり、プラスチック、まして高分子などと言う言葉が誕生する前から私たちの生活に溶け込んでいる素材です。

天然ゴム

ゴムはメープルシロップ、ウルシなどと同じように樹木から得られる天然樹脂の一種です。ゴムの木にナイフで切り傷を付けるとそこから樹液が浸出します。この樹液に固化材を加え、脱水工程に掛けると天然ゴムの固体が得られます。しかし、この固体はゴムというよりはガムのようなものです。

❶ゴムとガムの違い

ゴムとガムの違いは、ゴムは伸びても元の長さに戻りますが、ガムは伸びないで切れてしまうということです。

つまり、輪ゴムに代表されるゴムは、引っ張れば伸びますが、引っ張る力を離せばゴムは元の長さに戻るという弾性を持っています。それに対して、一般のガムは伸ばせば伸びますが、引っ張る力を離したからと言って元の長さに戻ることはありません。多くの場合、引っ張れば伸びますが、さらに引っ張ればそのまま伸びて、やがてちぎれてしまいます。すなわち、天然ゴムには弾性が無いのです。

❷加硫

天然ゴムに弾性を持たせるにはどうすればよいのでしょうか？

それが「加硫」です。天然ゴムはイソプレンという分子が多量化したものであり、図のような構造をしています。これは規則的な

●天然ゴムの構造

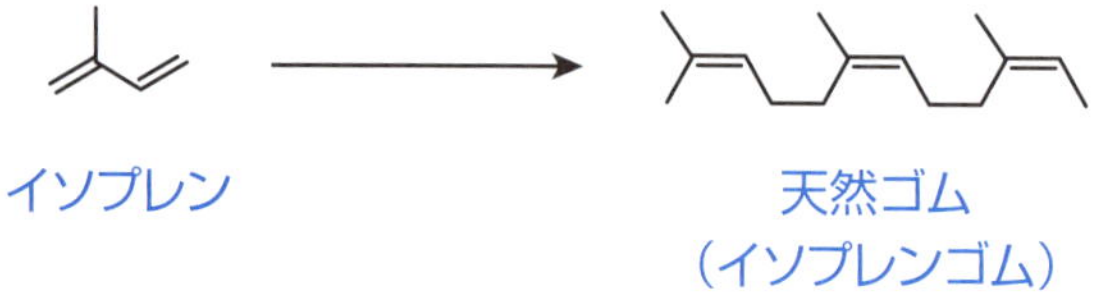

位置に、二重結合を持っていますが、分子全体の構造としては直鎖状の構造です。

普通の状態の天然ゴムでは、このような鎖状分子が適当に絡み合ってオマツリ状態になっています。これを引っ張ると鎖状分子が伸ばされますが、さらに引っ張られるとそのまま伸び続け、最後にはちぎれてしまいます。

ここで登場するのが、加硫という操作です。加硫というのは硫黄を加えるということです。硫黄Sは2価の原子であり、2本の共有結合をつくる能力があります。この硫黄が2本のゴム高分子鎖を結びつけるのです。このような構造を、2本の鎖状分子の間に橋を架けた、という意味で「架橋構造」と言います。

架橋構造で結ばれたゴム分子たちは、伸ばされても切れることができず、伸ばす力が無くなると元の

●加硫

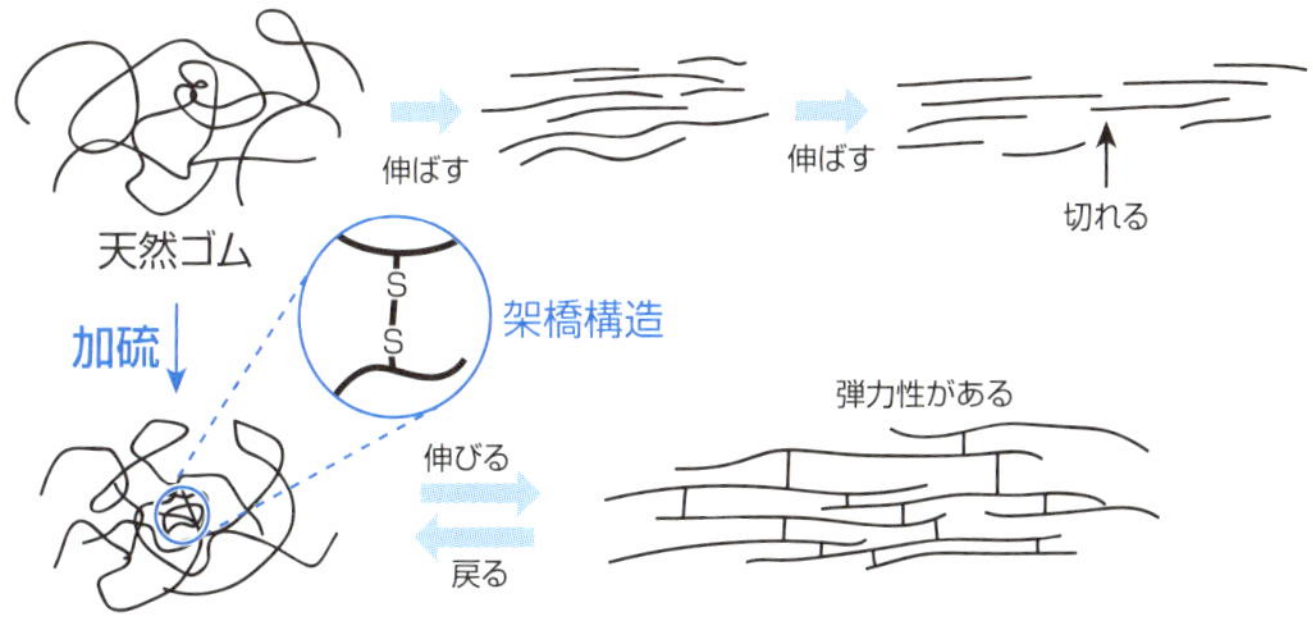

状態に戻り、結果として弾力性ができるのです。このような弾力を「エントロピー弾性」と言います。

エントロピー弾性

エントロピー弾性と言いましたが、「エントロピー」という言葉を初めて聞いたという人もいるかもしれません。そこで、まず、エントロピーとは何かということから見ていきましょう。

❶エントロピー

エントロピーとは、簡単に言うと「乱雑さの尺度」です。エントロピーの大きい状態とは乱雑な状態であり、エントロピーの小さい状態とは整理された状態を意味します。子供部屋が整理整頓された状態、それがエントロピーの小さい状態です。それに対して散らかり放題に散らかった状態、それがエントロピーの大きい状態になります。ところで、キチンと整理された子供部屋に子供たちが入ってきたらどうなるでしょう？

言うまでもなく子供たちは大騒ぎし、部屋は乱雑になります。すなわち、部屋のエントロピーは増大します。

この変化を表現したのが熱力学第二法則です。「自発的な変化はエントロピーの増大する方向に変化する」まったくわかりやすい法則です。

❷ エネルギー弾性

天然ゴム分子の両端を持って引っ張ったらどうなるでしょうか。結合角度は広がり、結合距離は伸びて分子の長さは伸びるかもしれません。そして、引っ張る力を離したら角度も距離も元に戻って分子は元の長さに戻るかもしれません。このような経緯で現れる弾性を「エネルギー弾性」と言います。しかし、結合角度と結合距離の変化に基づく分子長の変化は、たかが知れています。それに対して、このような変化をもたらすために要されるエネルギーは膨大なものになります。

●エネルギー弾性

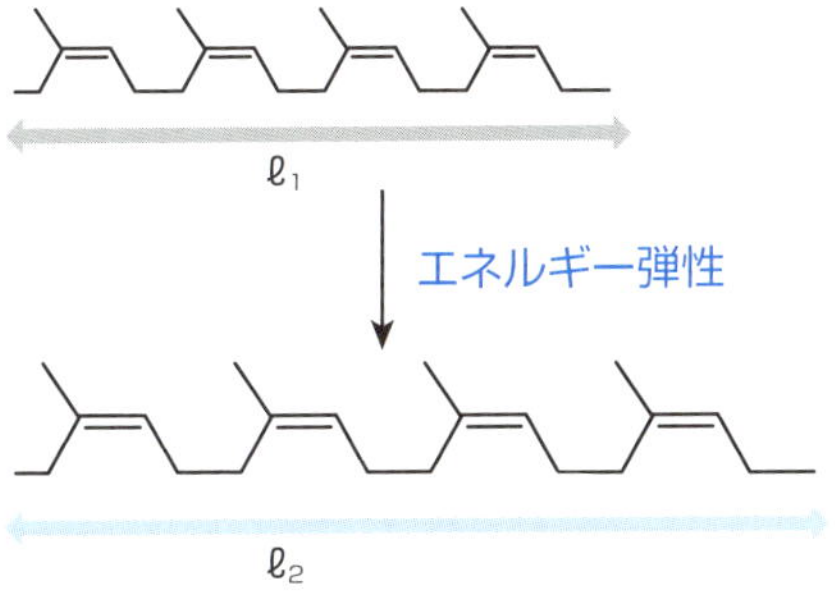

❸エントロピー弾性

　それに対してゴムの弾性は次のようなものです。すなわち、普通の状態では長いゴムの分子鎖は丸まった毛糸玉のようになっています。しかし、引っ張る力が加わると丸まった状態から伸びた状態になり、ゴム全体としても元の状態の何倍もの長さに伸びます。それでは、伸ばす力を無くした時に元の状態に戻るのはなぜでしょう？　別に縮める力が加えられるわけではないのですから、ゴムは伸びっ放しになっていてもよいはずです。

　これがエントロピーの力なのです。ゴム分子が伸びた状態は、どのような図に描こうと一通りしかありません。それに対して、丸まった状態はいくらでも異なった状態に描けます。一通りしか描きようのない状態は整理された状態なのです。それに対して幾通りにも表現される状態は乱雑な状態です。

●エントロピー弾性

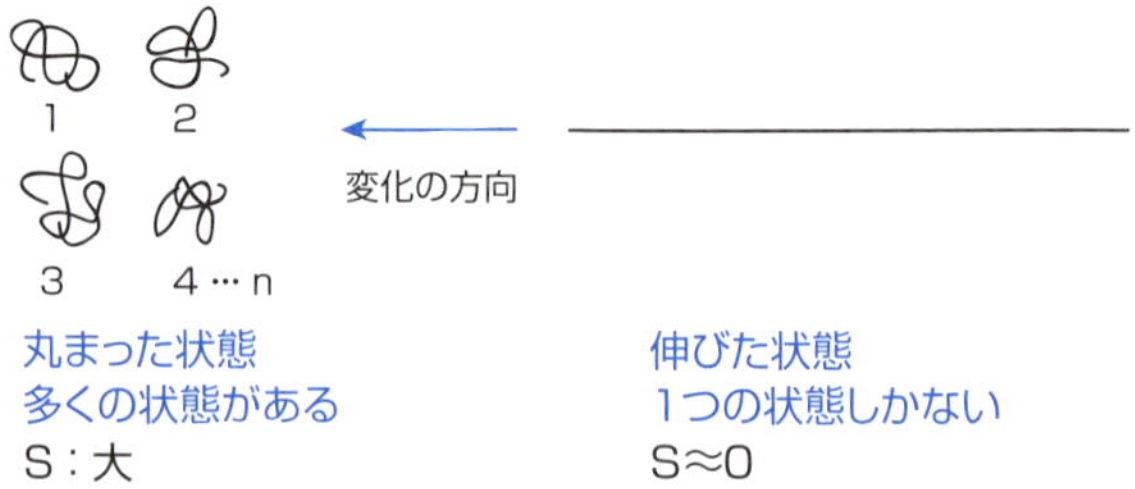

「自発的な変化はエントロピーが増大する方向に起こる」。ゴム分子がこの熱力学第二法則に従うためには丸まった状態に戻るしかありません。このようにして現れる弾性を「エントロピー弾性」と言います。

すなわちゴムの弾性は典型的なエントロピー弾性なのです。

合成ゴム

代表的な合成ゴムの種類を下の表に示しました。イソプレンゴムはイソプレンを人工的に高分子化したものであり、その基本構造は天然ゴムと同じも

●代表的な合成ゴムの種類

名称	モノマー	ポリマー	特色
合成天然ゴム	$H_2C=C(CH_3)-CH=CH_2$ イソプレン	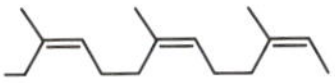	• 配位重合 • 触媒使用
Bunaゴム	$H_2C=CH-CH=CH_2$ ブタジエン	$-(CH_2-CH=CH-CH_2)-$	• 高反発弾性 • スーパーボール
SBR	$H_2C=CH-CH=CH_2$ $H_2C=CH$  スチレン	$-(H_2C-CH=CH-CH_2-CH_2-CH)_n-$ 	• スチレン25% • タイヤ用 • スチレンユニットが加硫の役割
NBR	$H_2C=CH-CH=CH_2$ $H_2C=CH(CN)$ アクリロニトリル	$-(H_2C-CH=CH-CH_2-CH_2-CH(CN))_n-$	• 耐油性
EP	$H_2C=CHCH_3$ プロピレン $H_2C=CH_2$ エチレン	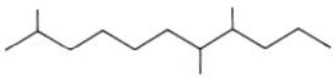	• ランダムなメチル基が結晶化を乱す • 耐劣化性

のです。違いがあるとしたら天然ゴムには多くの不純物が含まれ、それがゴムの性質を良くも悪くもしているということです。

熱可塑性エラストマー

加硫したゴムは架橋構造を持ち、いわば熱硬化性樹脂のような構造です。加熱しても軟らかくはなりません。これでは成形のしようがありません。工業的には困った状態です。そこで開発されたのが熱可塑性エラストマーと言われるものです。エラストマーとは、ゴムのように弾性を持つ素材を表す言葉です。したがって熱可塑性エラストマーというのは、ゴムのように弾性を持ちながら、加熱すると軟らかくなって可塑性を持つという素材を意味します。平たく言えば、加熱すると軟らかくなって変形し、冷やすとそ

●熱可塑性エラストマー

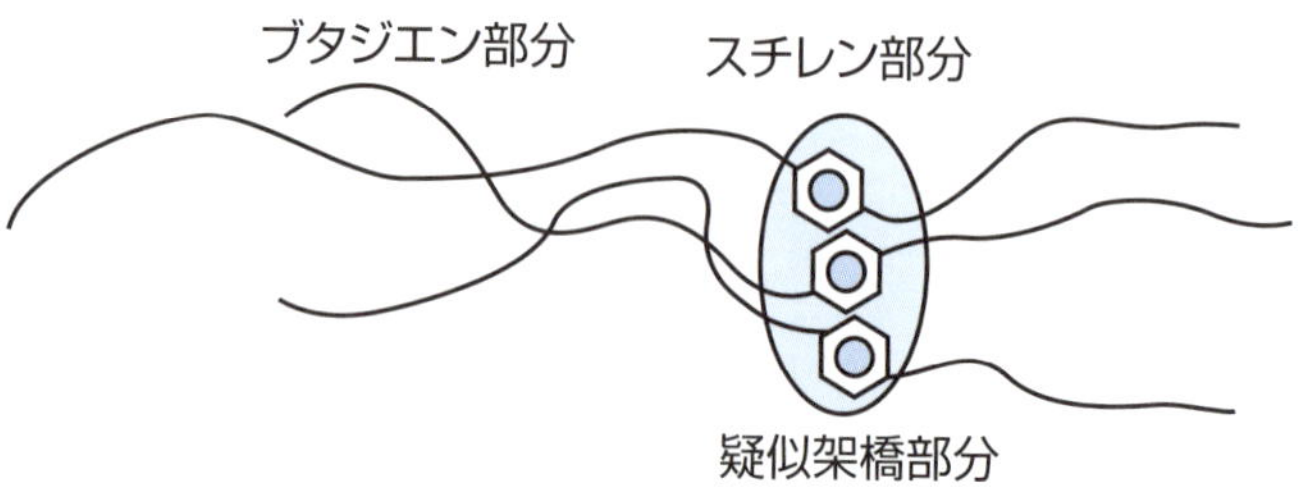

の形に固定されるという、まことに使い勝手の良いゴムです。

❶ SBR

代表的なものはSBRであり、S：スチレンとB：ブタジエンの共重合体であるR：ゴム(Rubber)という意味です。ブタジエンはイソプレンの母体であり、構造がよく似ていますからその高分子体であるポリブタジエンもゴムのポリイソプレンと似ています。

一方、ポリスチレン部分にはベンゼン環があります。ベンゼン環の間にはππスタッキングという分子間力が働きます。これはあたかも加硫されたゴムの架橋部分のような働きをします。このため、SBRは引っ張れば天然ゴムのように伸び、力を抜けば加硫ゴムのようにもとに戻るのです。しかも熱可塑性高分子ですから加熱すれば成形は思いのままであり、冷やせばそのままの形を保持するというわけです。

❷ 耐熱性

ゴム弾性と熱成型性という優れた性質を兼ね備えた熱可塑性エラストマーですが、

このような熱可塑性エラストマーにも弱点はあります。それは耐熱性が低いということです。成形するときには可塑性を持ち、製品になったら可塑性を持たないエラストマーが欲しいという要求に応えたのが熱硬化性エラストマーです。とは言うものの、これは加硫ゴムのことを言います。天然ゴムに硫黄を加え、架橋構造ができると同時に成形すれば、弾性をもち、かつ熱変形しないエラストマーができることになります。

●シリコーンの構造

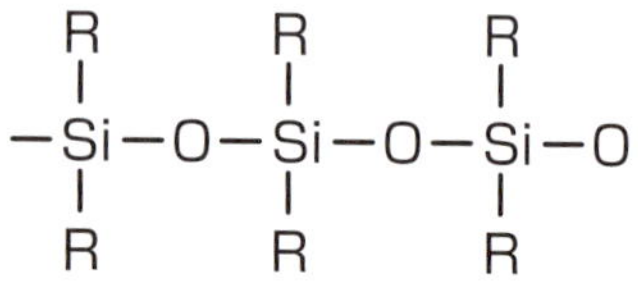

　このようなエラストマーの現代版として利用されるのがシリコーンゴムです。シロキサン構造を持つシリコン樹脂（シリコーン）に重合触媒を加えて成形すると、成形が終わったときには可塑性を失ったシリコーンゴムになっているというわけです。

SECTION 28
繊維の構造と性質

繊維とは細くしなやかな物質です。繊維には植物から得た植物繊維、動物から得た動物繊維、無機物から得た鉱物繊維、それに人工的に作った合成繊維があります。このうち、合成繊維を除いた、天然素材から作った遷移を「天然繊維」と言います。

合成繊維

天然物から作った天然繊維に対して、人間が化学的に合成した原料で作った繊維を「合成繊維」と言います。合成繊維の代表はナイロンでしょう。ポリ

●代表的な合成繊維

名称	原料	構造	用途
ナイロン66	$HO_2C-(CH_2)_4-CO_2H$ アジピン酸 $H_2N-(CH_2)_6-NH_2$ ヘキサメチレンジアミン	$-\!\!\left(C(=O)-(CH_2)_4-C(=O)-N(H)-(CH_2)_6-N(H)\right)_n\!\!-$	ストッキング、ベルト、ロープ
ナイロン6	$HO_2C-(CH_2)_5-NH_2$	$-\!\!\left(C(=O)-(CH_2)_5-N(H)\right)_n\!\!-$	ストッキング、ベルト、ロープ
ポリエステル	$HO_2C-C_6H_4-CO_2H$ $HO-CH_2CH_2-OH$	$-\!\!\left(C(=O)-C_6H_4-C(=O)-O-CH_2CH_2-OH\right)_n\!\!-$	Yシャツ、混紡
アクリル	$H_2C=CH-C\equiv N$	$-\!\!\left(CH_2-CH(C\equiv H)\right)_n\!\!-$	Yシャツ、混紡

エステルも繊維です。その他にもアクリル繊維、ポリエチレン繊維などと種類に事欠きません。代表的な合成繊維を表に示しました。

❶プラスチックの構造

ポリエステルとは、エステル結合で結合した高分子であり、具体的にはテレフタル酸とエチレングリコールが結合したポリエチレンテレフタレート、PET（ペット）のことです。PETはペットボトルで有名なプラスチックの原料です。ポリエチレンはプラスチックの原料です。このように合成繊維の原料はプラスチックの原料と同じなのです。

❷プラスチックと合成繊維の違い

プラスチック（合成樹脂）と合成繊維の違いは原料（分子構造）にあるのではありません。原料の集合の仕方に

●プラスチックと繊維の構造

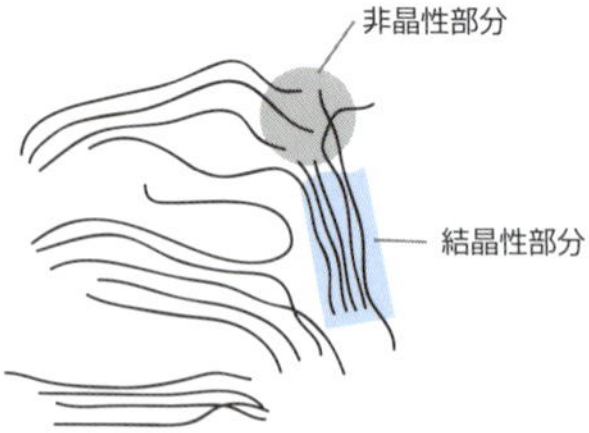

プラスチックの構造

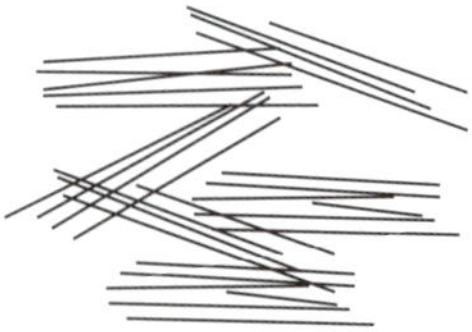
繊維の構造

あるのです。図はプラスチックにおける高分子鎖の集合状態です。

プラスチックの集合状態には2つの部分があります。分子鎖が平行になって寄り集まっている部分と、ほどけて房状になった部分です。前者を「結晶性部分」、後者を「非晶性部分」と言います。

先に見たように結晶性部分は機械的強度も耐熱性、耐薬品性も強くなります。繊維は、このような結晶性の部分だけでできたプラスチックなのです。

それに対して非晶性部分では、このような強度もたらす要因は何もありません。そのため、プラスチックは一般に軟らかく、加熱するとさらに軟らかくなって造形性に富むなどの性質を持つことになるのです。

合成繊維の構造と作り方

それでは、このように結晶性の高い繊維構造は、どのようにして作られるのでしょうか。それは図に示したようなものです。すなわち高熱で融けた液体状高分子に圧力を掛けて細いノズルから押し出します。しかしこれだけではまだ結晶性にすることはできません。このようにして押し出された紐状物質の端をドラムにセットし、ドラムを高速で回転させて紐状物質を巻き取るのです。この操作でひも状物質の中に丸まって入っていた高分子鎖はグイッと引き伸ばされ、束ねられてしまうのです。

合成繊維の改質

合成繊維に求められる性質は今や丈夫さだけではありません。織物にするための合成繊維には、風合いのよさと言うデリケートな性質が求められます。それを実現するための工夫の一つが繊維断面積の形です。マル、四角、星形、三日月形など、思いつく限りの形状が試作されています。この形はノズルの口を変形させることで実現されます。

●プラスチックと繊維の構造

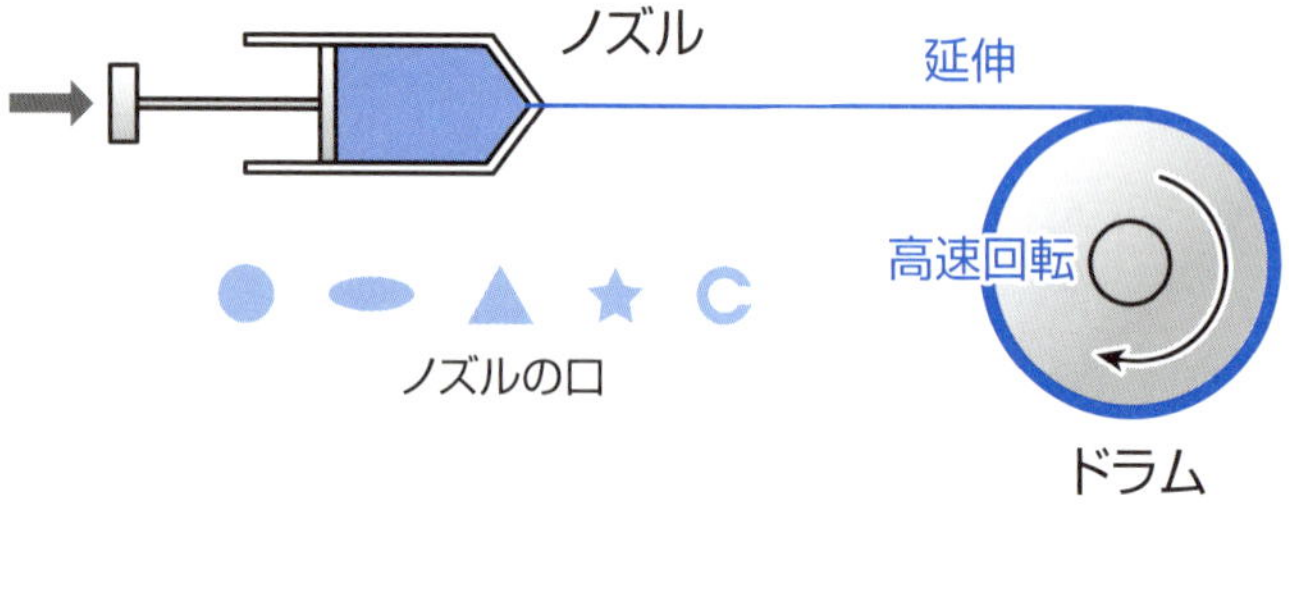

❶ 超極細繊維

このような工夫の中で傑作の誉れ高いのが超極細繊維と呼ばれるものでしょう。これは金太郎飴の原理を応用したものと言われます。すなわち、ナイロンと溶解混合せず、かつ溶媒に可溶性の高分子をナイロンと混ぜて繊維を作ります。すると高分子繊維の中に何本かの極細ナイロン繊維の通った繊維ができます。

この状態で周囲の高分子を溶媒で溶かし去るのです。すると極細のナイロン繊維だけが残ると言う仕組みです。この方法で直径1μ（千分の1ミリメートル）の繊維ができると言います。

❷ 防シワ繊維

布には、シワが着き洗濯によって縮むものも

●プラスチックと繊維の構造

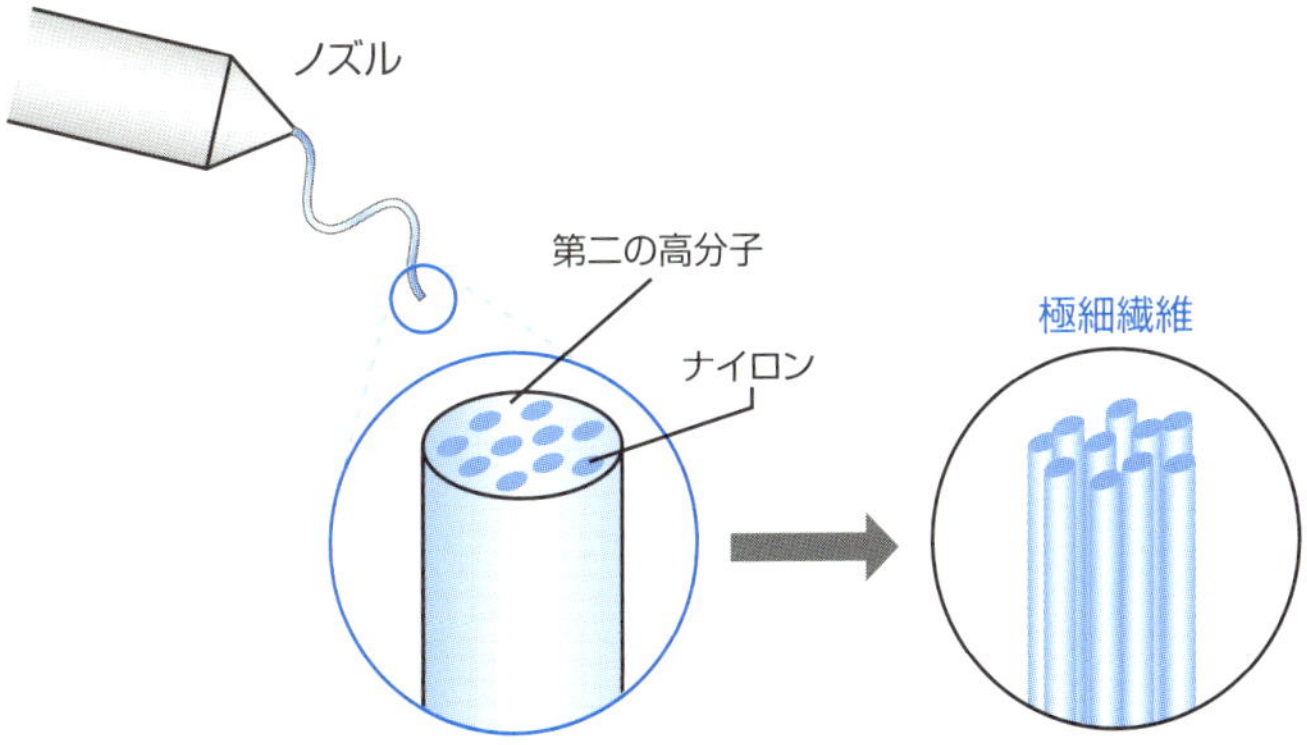

ありますｍ。このようなことを防止しようと言うのが防シワ繊維です。繊維構造の大部分は結晶性ですが一部には非晶性の部分もあります。シワや縮みはこの非晶性の部分が変形することによって起こります。防シワ繊維は、この非晶性の部分を架橋することによって強制的に結晶性にした物です。

シワや縮みに弱い綿繊維は、グルコースが連続したものであり、多くのヒドロキシ基OHが存在します。ここにホルムアルデヒドを反応させると図に示した反応が起き、架橋構造が生成するのです。

●防シワ繊維

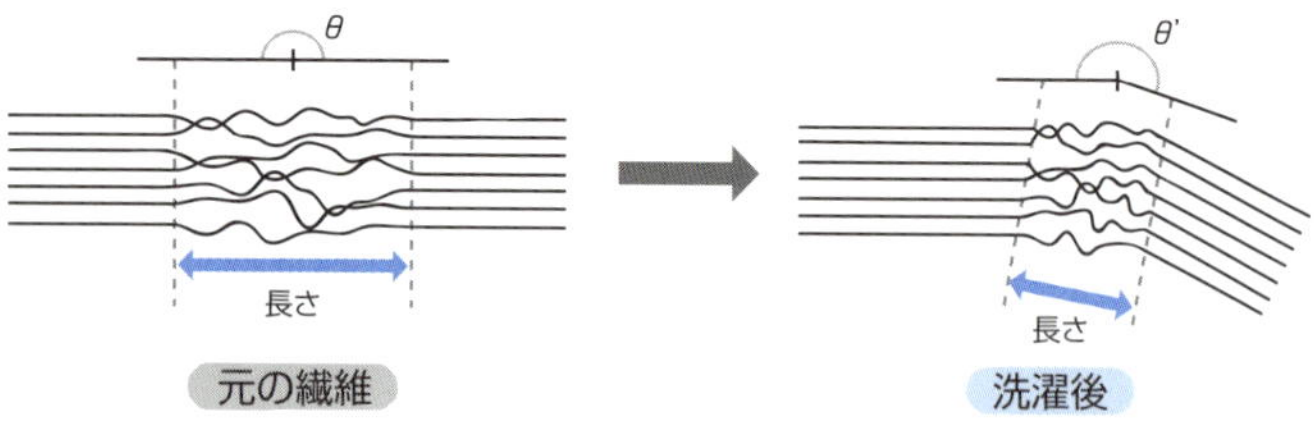

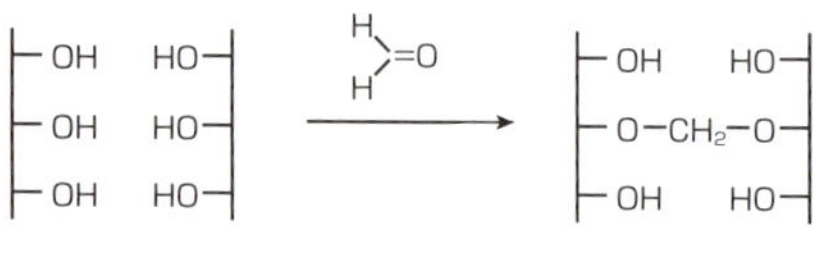

SECTION 29
汎用樹脂と工業用樹脂

プラスチックの分類法には数種類ありますが、その1つとして性能、価格、消費量で分類する方法があります。

汎用プラスチックの種類

下図は、プラスチックの種類です。ピラミッドの上部に行くほど性能は向上し、それに伴って価格も上昇し、生産量も減少します。これには、スーパーエンプラなどがあります。そしてピラミッドの底辺、すなわち性能はイマイチであるが価格が安く、消費量も大きいと言うのが汎用プラスチックです。

●プラスチックの種類

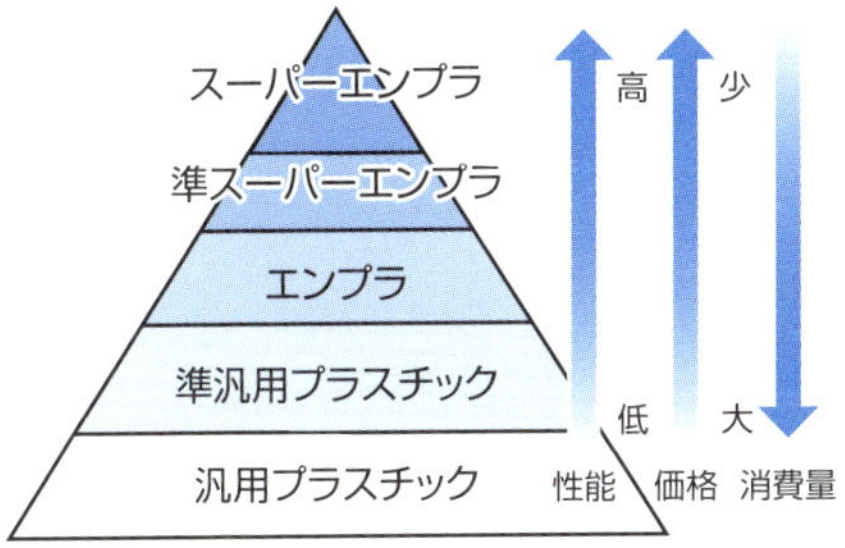

次の表は、５大汎用プラスチックといわれるものをまとめた表です。いずれも家庭で使う各種容器類、家電製品の外装、パイプなどで馴染のものばかりです。

❶ポリエチレン

ポリエチレンには先に見たように、高密度ポリエチレンと低密度ポリエチレンがあります。高密度ポリエチレンは一般に硬く、結晶化しやすいため不透明で融点も高くなります。主に容器、パイプなどに用いられます。

一方、低密度ポリエチレンは透明性があり、融点も低くなります。そのため、フィルム、ポリ袋などに用いられます。

❷ポリプロピレン

ポリプロピレンには、「イソタクチック」「シンジオタクチック」「アタクチック」の3種の立体構造があります。このうち工業的に作られているのは主に規則性の高いイソタクチック型です。そのため結晶性が高くなり、透明性は落ちますが、機械的強度は高くなります。家電製品の外装、自動車部品等に利用されます。

❸ポリスチレン

発泡剤を混ぜて作った発泡ポリスチレンがよく用いられます。梱包の緩衝材、あるいは断熱材として欠かせない存在です。

発泡ポリスチレンは、成形性に優れるため、最近では彫刻の素材として用いられます。

❹ポリ塩化ビニル

薬品に強く、燃えにくい上に絶縁性もあり、しかも安価ということで、あらゆる分野で用いられます。さらに、可塑剤を加えることで硬度を自由に調節できるというのも強みです。しかし、塩素を含むため低温で燃やすとダイオキシンを発生するという欠点があります。

●5大汎用プラスチック

名称	原料	構造	用途
高密度ポリエチレン	$H_2C=CH_2$	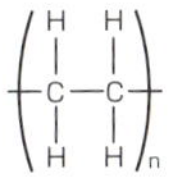	容器 フィルム ポリ袋
低密度ポリエチレン			
ポリプロピレン	$H_2C=CH-CH_3$	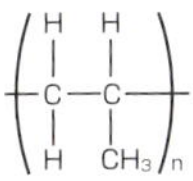	容器 家電製品 自動車部品
ポリスチレン	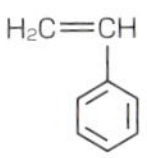	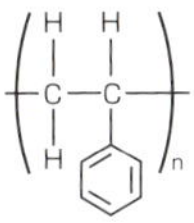	発泡スチロール 家電製品 断熱材
ポリ塩化ビニル	$H_2C=CHCl$	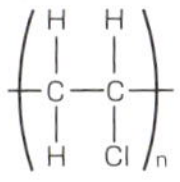	パイプ ホース 電線の被覆材

準汎用プラスチック

汎用プラスチックほどではないものの、家庭用によく使われます。

❶アクリル

アクリルは、ポリメタクリル酸メチルの略です。透明で硬いプラスチックであり、文房具、メガネのレンズ、水族館の水槽など幅広く使われています。

❷AS樹脂

AS樹脂は、アクリロニトリル(A)とスチレン(S)の共重合体です。ポリスチレンの欠点である脆さを改良したものです。それでもまだAS樹脂は割れやすいという欠点がありました。

●準汎用プラスチック

名称	原料	構造	用途
アクリル樹脂	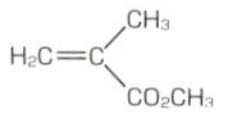	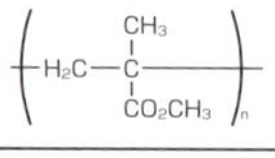	文房具 水槽
AS樹脂	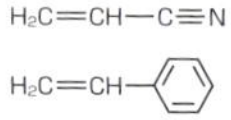		容器 家電製品 自動車部材
ABS樹脂	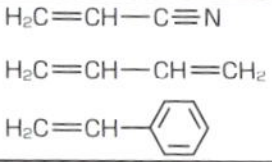		容器 家電製品 自動車部材

❸ ＡＢＳ樹脂

それを克服したのがＡＢＳ樹脂です。これは、ＡＳ樹脂のモノマーにブタジエン（Ｂ）を加えて作った共重合体です。家電製品やキャビネットなどとして盛んに使われています。

エンプラの種類

５大エンプラと言われるもので、エンプラの中でも特に多く使われるものです。

❶ ポリアミド

ポリアミドは、単位分子がアミド結合（CONH）で結合したものであり、代表的なものにナイロンがあります。ナイロンは靴下、漁網、ロープなどとして盛んに用いられています。

ケブラーは、分子構造にベンゼン環を多く持つため分子が剛直で直鎖状の骨格を持ちます。その結果、機械的強度、耐熱性が高くなり、特に強度は鋼鉄の5倍と言います。

ケブラーは結晶性のため、有機溶媒に溶けず、溶融もしないので成形が困難なポリマーとして知られています。

成形するには濃硫酸に溶解することが必要となります。ケブラーは防弾チョッキやヘルメットに用いられます。

ノーメックスはケブラーとよく似た構造ですが、ケブラーがパラ位で結合しているのに対してノーメックスはメタ位で結合しています。このためノーメックスは対称性が悪くなり、ケブラーより融点が低くなります。しかし、その結果、成形性に優れるという利点を得ることになります。

❷ポリエステル

ポリエステルは単位分子がエステル結合(COO)で結合したものであり、代表はペットです。ペットはプラスチック製品になると同時に、ポリエステル繊維にもなります。ポリエステル繊維は洋服の裏地、あるいはテトロンの商品名で学生服などに用いられています。

❸ポリアセタール

ポリアセタールは、ホルムアルデヒド$H_2C=O$が重合したものです。ポリアセタールは非晶部分と結晶部分が混在するために、強度、弾性率、耐衝撃性に優れています。しかし、分子中に酸素原子が多く含まれているため燃えやすいと言う欠点があります。

❹ポリカーボネート

ポリカーボネートは、エンプラ中ただ一種の透明素材であり、準汎用プラスチックのアクリル樹脂とともに有機ガラスとも呼ばれます。

ポリカーボネートは弾力性に富み、衝撃に強いので盗難防止用の強化ガラス、大型水槽などに用いられます。

原料のホスゲン$COCl_2$とビスフェノールAはいずれも危険性が指摘されます。ホスゲンはナチスがアウシュビッツで用いた毒ガスであり、遅効性で肺浸潤を起こします。また、ビスフェノールAは環境ホルモンとして指摘された物質です。しかし、製品になってしまえば、これらの原料分子は完全になくなってしまいますから、製品の安全性に問題はありません。

❺変性ポリフェニレンエーテル(変性PPE)

ポリフェニレンエーテル(PPE)は単独で用いられることはほとんど無く、主に耐衝撃性ポリスチレン(HIPS)など他の合成樹脂と混合したプラスチックアロイとして用いられます。そのため、名称に「変性」を加えて区別しています。自動車の外装に用いられるほか、吸水性が低いことから水道の配管や給水機などにも利用されます。

●5大エンプラ

名称	原料	構造	性質
ポリアミド	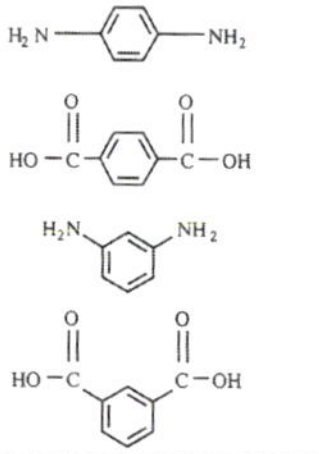	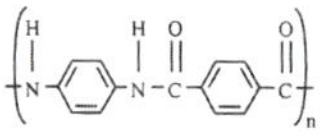 ケブラー 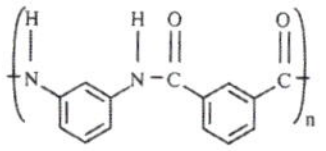 ノーメックス	軽量 高強度 耐熱性 軽量 高強度 耐熱性 難燃性 成型容易
ポリエステル	$HO(CH_2)_4OH$ 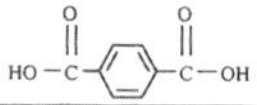	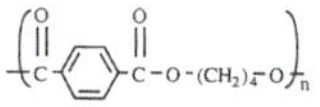 ポリブチレンテレフタレート	熱安定性 電気的特性
ポリアセタール	$H_2C=O$	$-(CH_2O)-_n$ ポリオキシメチレン	高強度 耐摩耗性
ポリカーボネート	$COCl_2$ (ホスゲン) 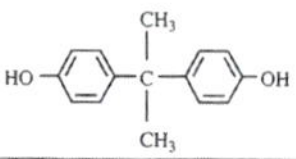	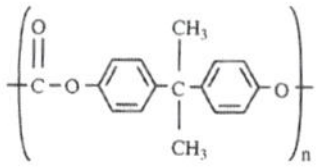	透明性 耐衝撃性 熱安定性
ポリフェニレンエーテル	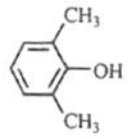	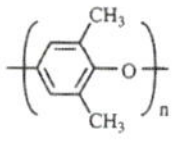	耐熱性 耐薬品性

準スーパーエンプラの種類

準スーパーエンプラとしては、ポリアリレート、ポリスルホン、ポリエーテルイミド、ポリフェニレンスルフィドがあげられます。

表に示したように、全ての高分子が多くのフェニル基（ベンゼン環）を持っています。このようにベンゼン環を多く持つことによって分子に剛性が与えられ、機械的強度が高くなります。

スーパーエンプラの種類

スーパーエンプラは、機械的強度、耐熱性、耐薬品性など、全ての面で優れた性質を持ち

●準スーパーエンプラ

名称	構造	特徴
ポリアリレート	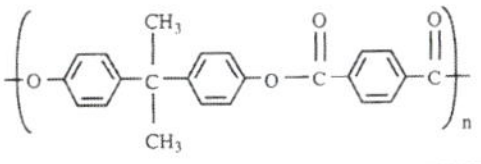	透明
ポリエーテルイミド	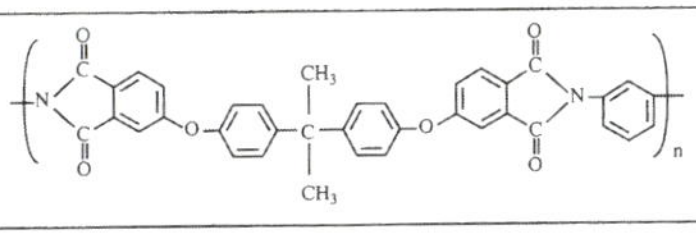	透明
ポリスルホン	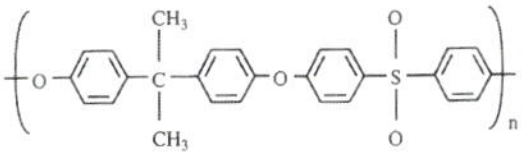	人工透析
ポリフェニレンスルフィド	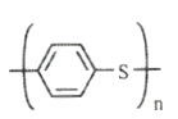	難燃性

ます。しかし、先にケブラーで見たように、機械的強度、耐熱性が高いということは成形が困難と言うことを意味しがちです。

この欠点をカバーするのが、液晶ポリマーです。液晶ポリマーでは溶融状態の分子が液晶的性質を持つため、全ての分子鎖が同じ方向を向いて平行になるため、分子鎖同志の絡み合いが無くなります。そのため粘度が低く、成型時の流動性が高くなるので成形性に優れることになります。また固化するときの収縮が少ないので薄肉の構造や微細な成型にも対応することができます。

●スーパーエンプラ

名称	構造	特徴
ポリアミドイミド	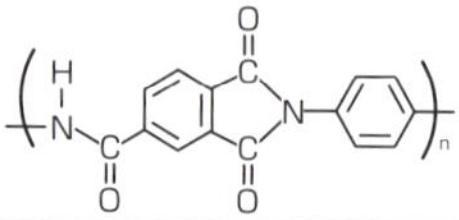	耐熱性 耐放射線性
液晶ポリマー	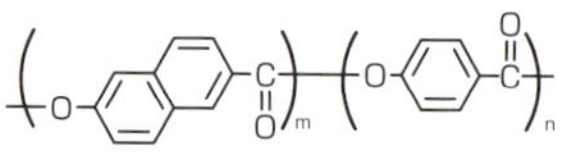	耐熱性 成型性

SECTION 30
高分子の改質

高分子が優れた性質を持っていることは間違いありませんが、素材として使う側としては改良したい点もあります。その様な要求を満たすためには、全く新しい高分子を開発するという手段もありますが、それは容易ではありません。その様な場合に講じる手段があります。

可塑剤

高分子に他の物質を混ぜることによってさらに優れた性質になることもあります。それが可塑剤です。

ポリ塩化ビニル(一般にエンビと呼ばれる)は、そのままでは非常に硬くて柔軟性の無い材料です。しかし、市販のエンビ製品にはエンビシートやエンビチューブなどのように、柔らかくフレクシブルな製品もあります。これはエンビに柔らかい可塑剤というものが混ぜられているのです。

可塑剤には、いろいろの種類があり、何種類もの可塑剤の混合物が混ぜられていることもあります。その種類や量、混合比は各メーカーによって異なります。問題はその量です。多いものでは製品重量の半分以上に達すると言いますから半端ではありません。

かつて、アメリカ軍がベトナムで戦っていた1970年代、負傷した兵士に輸血したところ、ショック症状を起こした事件がありました。それまではその様なことはありませんでした。調べたところ、丁度この頃、輸血の血液が通るパイプの材質がエンビに代わっていました。可塑剤が血液に溶けだし、それがショックの原因になったのでした。

ポリマーアロイ

高分子の性質を変えるには、互いに異なる高分子を混ぜ合わせることも考えられます。このようにしてできた高分子混合物を金属の混合物である合金(アロイ)に喩えて

「ポリマーアロイ」と言います。

ポリスチレンは硬くて美しいのですが柔軟性に欠けます。またポリブタジエンは軟らかくて弾力性に富むものの、軟らかすぎて成形性に劣ります。ポリスチレンにポリブタジエンを少量加えたポリマーアロイは、耐衝撃性ポリスチレンＨＩＰＳとよばれ、硬くて適度な柔軟性があり、しかも艶があって美しいので大型家電製品の外装材として盛んに用いられています。

しかし、単に高分子ＡとＢを混ぜただけでは、両者は均一に混じることはありません。Ａだけのブロック、Ｂだけのブロックができ、ブロックの混合体になるのです。これではブロックの境界から破壊が進むことになります。このようなことの無いように特別に加える物質を「コンパティビライザー」と言います。

コンパティビライザーには両方の高分子に相性が良いように、Ａの単位分子とＢの単位分子からできたコポリマーを用いると良いポリマーアロイができるようです。

●ポリマーアロイ

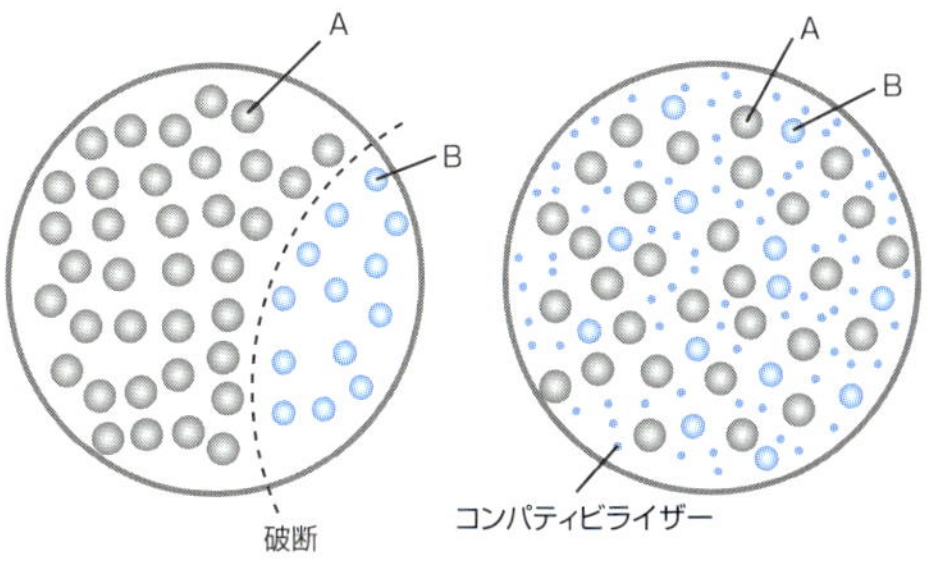

発泡高分子

高分子を泡のようにしたものを「発泡高分子」と言います。発泡高分子は、適度の軟らかさと弾力があるので、イスのクッションや布団のマットなどには、ウレタンを発泡させた発泡ウレタンが用いられます。また発泡ポリスチレン（発砲スチロール）は多くの空気を含むので断熱材や梱包の際の緩衝剤に用いられます。

発泡法には、いろいろありますが、代表的な方法であるビーズ発泡法では、直径1㎜ほどのポリスチレンビーズにブタンやペンタンなどの炭化水素ガスを吸収させます。このビーズを型に入れ、100℃以上の蒸気で加熱します。すると、ビーズが溶融すると同時にガスが発生して、型の通りに成形された発泡製品ができるという仕組みです。

発泡高分子は耐火塗料としても用いられます。鉄骨建築の鉄骨に発泡剤を混ぜた高分子性の塗料を2㎜ほどの厚さに塗ります。火事になって鉄骨が250℃ほどになると発泡剤が発泡し、塗料の体積が50倍になります。これは断熱材で鉄骨を覆ったのと同じ意味で、鉄骨が熱で変形するのを防ぎます。

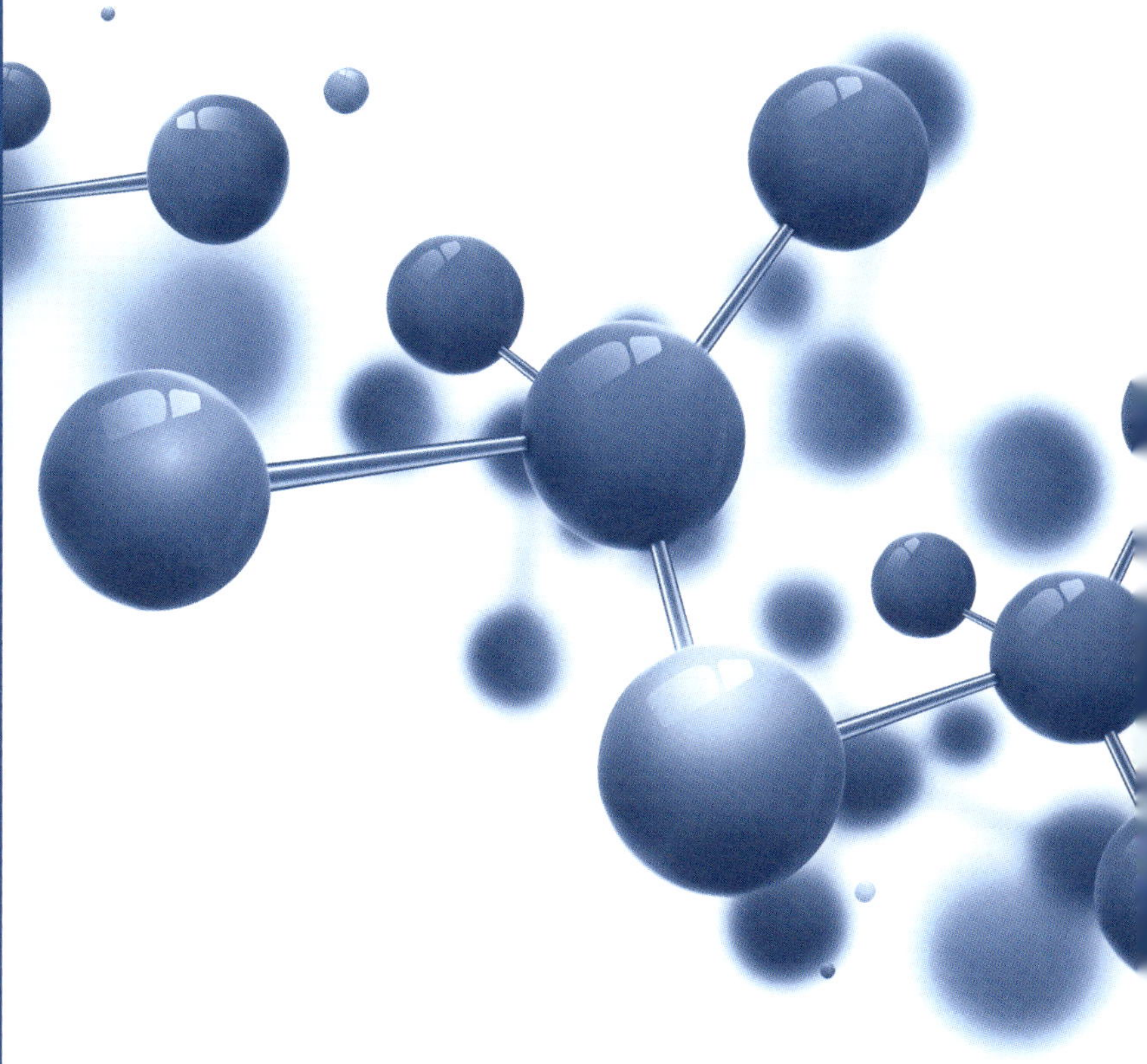

Chapter. 7
機能性高分子

SECTION 31
高吸水性高分子

高分子は多くの優れた性質、機能(働き)を持っています。そのような高分子の中でも特定の機能を集中的に高めたものを「機能性高分子」と言います。大量の水を吸収することのできる高吸水性高分子は機能性高分子の中でも、紙オムツなどのように特に身近な物と言えます。

構造

高吸水性高分子の特徴は、自重の1000倍といわれる大量の水を吸収するということです。紙でも布でも水を吸収しますが、その吸収力は水素結合などに基づく毛細管現象によるものであり、吸収力には限度があります。高吸水性高分子のこの並外れた吸収力はどこから来るのでしょう。

図は高吸水性高分子の分子構造の模式図です。特徴は次の2点あります。

❶ 網目構造をとっている

❷ カルボキシルナトリウム塩－COONa構造がたくさんある

吸水力の発現

網目構造のおかげで一度吸収された水は、しっかりと保持され、抜け出さなくなります。そして、この水分のおかげでCOONa構造が電離し、陰イオンCOO^-と陽イオンNa^+に解離します。この結果、高分子鎖に結合しているCOO^-陰イオン同士の反発によって網目が広がり、さらにたくさんの水を吸収することができるようになるのです。

●高吸水性高分子

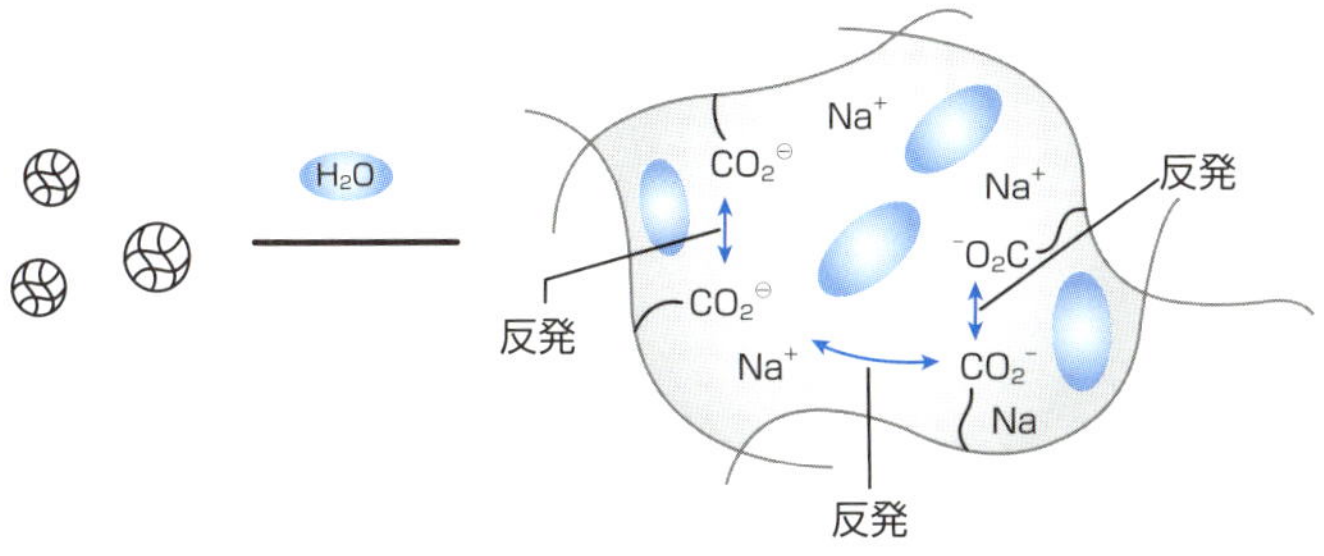

SECTION 32

イオン交換高分子

イオンというのは電荷を持った原子、あるいは分子のことを言います。一時、健康に良いとかで騒がれたマイナスイオン（陰イオン）は、OH⁻でしたが、前項ではプラスイオン（陽イオン）としてNa^+が登場しました。イオン交換高分子（樹脂）は例えば陽イオンA^+を全く別の陽イオンX^+に変化させる（交換する）というものです。

原理

イオン交換高分子には、陽イオン交換高分子と陰イオン交換高分子があります。陽イオン交換高分子は、陽イオンを他の陽イオンに交換し、陰イオン交換高分子は陰イオンを他の陰イオンに交換します。

それぞれの構造と機能は図の通りです。すなわち高分子の主鎖に結合したペンダント(置換基)が機能します。

例えば陽イオン交換高分子にナトリウム陽イオンNa^+が近づくとNa^+は高分子に捕まり、代わりに高分子からH^+が放出されます。つまり、溶液中に存在したNa^+は無くなり、代わりにH^+が現われるのです。これはNa^+がH^+に交換されたことを意味します。イオン〝交換〟高分子と言うのはこのような意味です。

意義

イオン交換高分子のわかりやすくて、かつ最大の利点は海水を淡水に換える(交換する)ということでしょう。

適当なカラム(管)に陽イオン交換高分子と陰

●イオン交換高分子

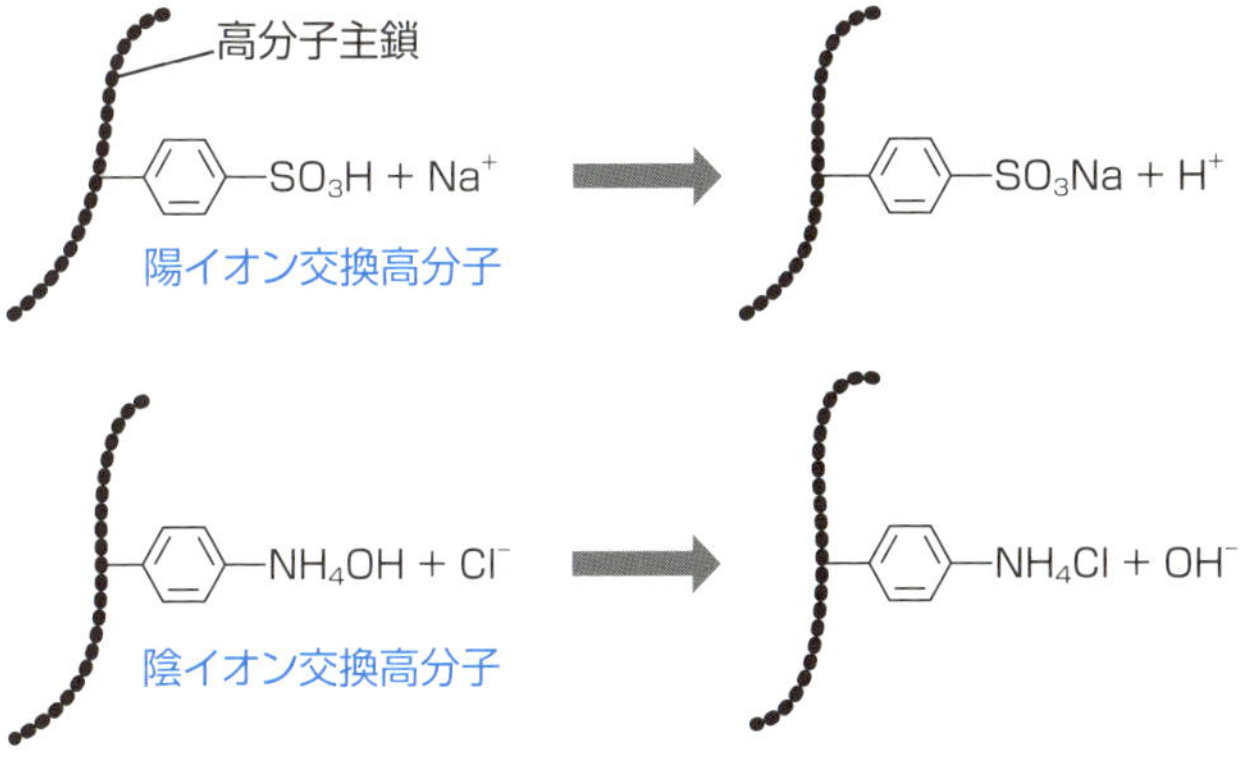

イオン交換高分子を詰め、上から海水を注ぎます。海水は高分子の層を通る間にNa^+はH^+にCl^-はOH^-に交換されます。すなわち、NaClがHOH、H_2Oに交換されるのです。つまり、電気も熱も何のエネルギーも使わないで海水を真水に換えることができるのです。

これは救命ボートの必需品、あるいは沿岸部の災害救援センターの必需品ではないでしょうか？　もちろん、高分子中のH^+が全てNa^+に置換されたら、それでおしまいです。しかし、今度は海水の代わりに適当な酸を流したら、交換能力は回復します。陰イオン交換樹脂も同じです。適当な塩基溶液を流せば能力は回復します。

●海水を淡水に換える仕組み

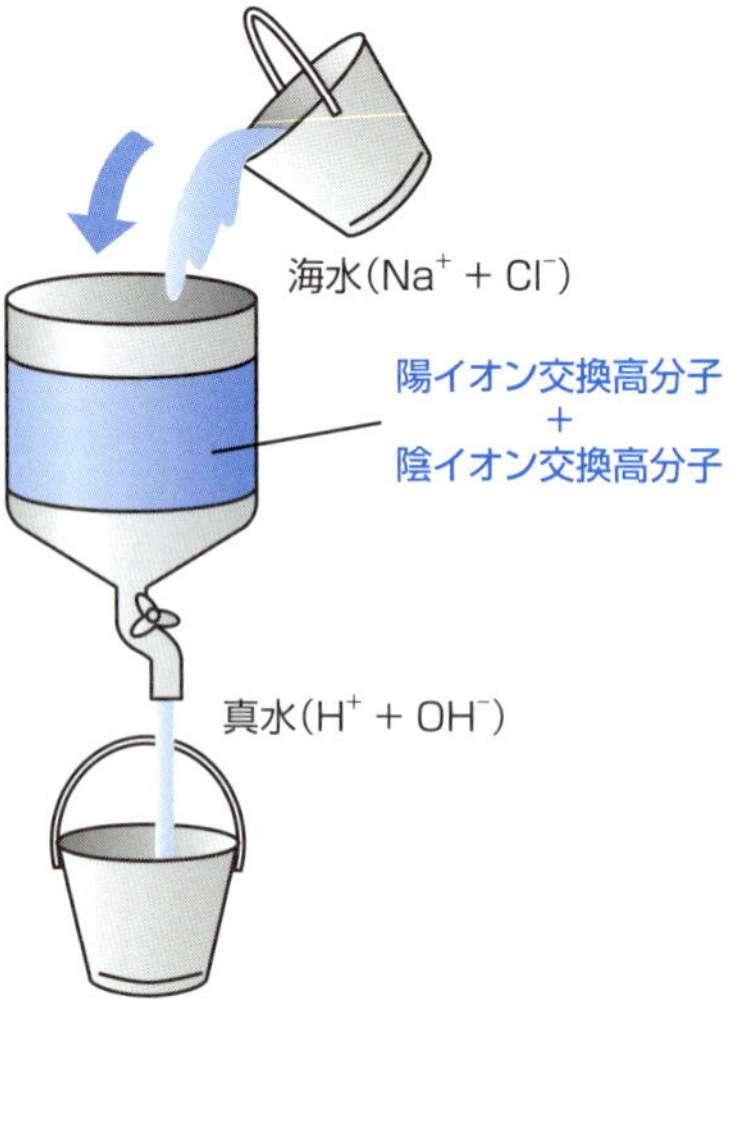

SECTION 33

光硬化性樹脂

光硬化性樹脂は、その名前の通り、光、紫外線を照射すると硬化して固まる樹脂のことを言います。

原理

この樹脂の原理も三次元網目構造です。紫外線照射によって高分子鎖間に架橋構造ができ、網目構造になるのです。

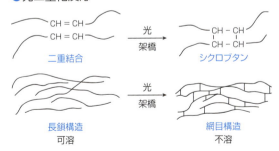

有機物に光を照射すると、加熱で起こる反応とは異なった反応を起こすことがあります。このような反応を一般に「光化学反応」と言います。よく知られた光化学反

応に「光二量化反応」と言うものがあります。これは2個の二重結合が付加して、四角形のシクロブタン環になる反応です。

長い分子鎖のところどころに、二重結合を持つ高分子を作ります。この高分子鎖は長いだけですから、柔軟で可塑性を持っています。このような高分子鎖2本に光照射をすると、これらの分子鎖は二重結合の所で結合してシクロブタン環を作ります。すなわち、2本の高分子鎖が二重結合の位置で架橋されたのです。

このような高分子鎖がたくさん存在するところで、このような光反応が起きると、多くの高分子鎖はあちこちで架橋し、結果として三次元網目構造になります。すなわち熱硬化性樹脂と同じように可塑性の無い、硬い樹脂になるのです。

応用

虫歯などの治療痕に硬化前の光硬化性樹脂を入れます。可塑性がありますから治療痕の形に添って入り込みます。次いで紫外線を照射すると、その形のままで硬化して治療痕を塞ぎ、以上で治療終了ということになります。

SECTION 34

形状記憶高分子

形状記憶高分子は、高分子が本来の自分の形を記憶しており、たとえ他の形に変形させられていても条件が許せば本来の形に戻るという不思議な高分子です。

形状記憶

たとえば、丸い円盤状の高分子があったとしましょう。この高分子の本来の形は中央がくぼんだスープ皿だったとしましょう。ところが現在のこの高分子の形は平らな円盤状です。これは本来の形とは違っています。この円盤高分子を暖めると円盤高分子は自分の本来の形を思い出し、お皿に変形するというわけです。

●形状記憶高分子

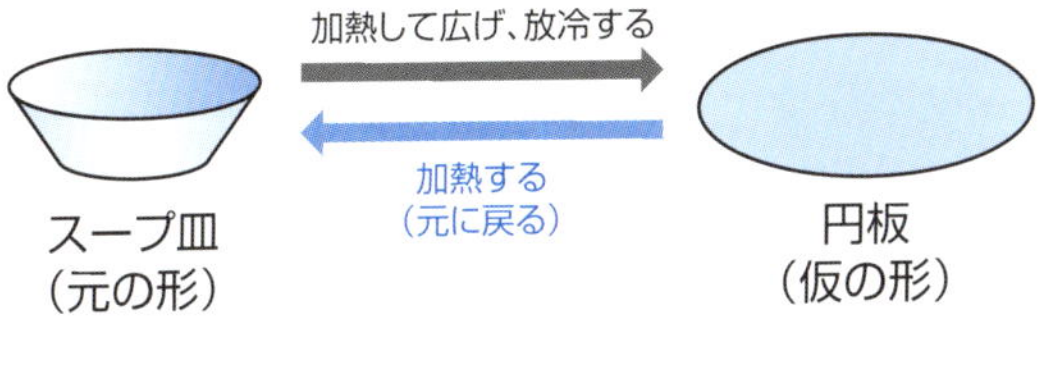

形状記憶高分子はブラジャーのカップを支えるワイヤーの代わりにも使われています。洗濯などによって円形の形がゆがんでも安心です。体に装着すると体温で暖められた形状記憶高分子のワイヤーは本来の美しい円形を思い出して、その形に戻るのです。

原理

形状記憶高分子は先に熱硬化性樹脂で見た熱硬化性高分子に似たものと考えるとわかりやすいでしょう。

普通のプラスチックである熱可塑性高分子は、長い高分子鎖でできており、加

●形状記憶高分子の原理

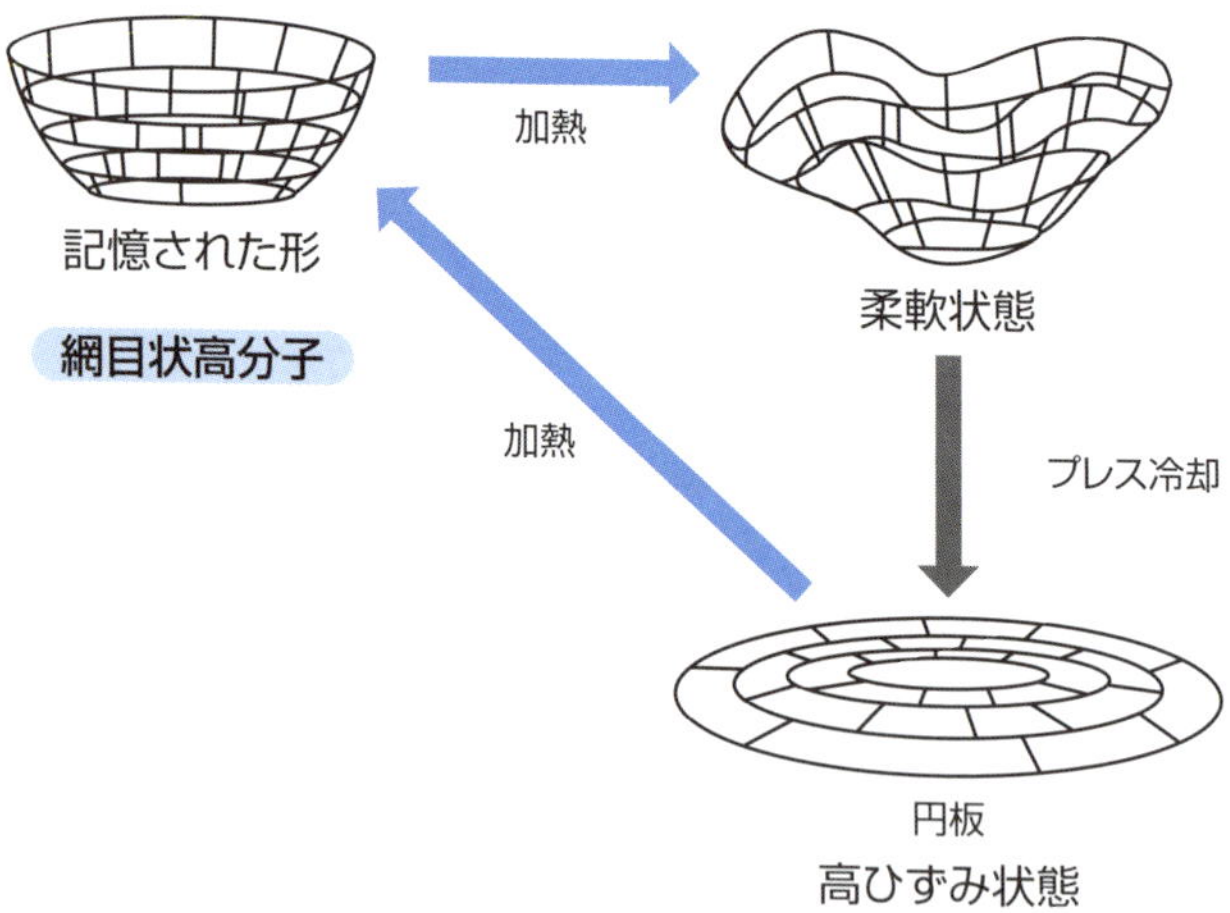

熱すると高分子鎖が流動的になるために可塑性が出ます。それに対して、熱硬化性高分子では、分子鎖は三次元の網目構造になっているため、加熱されても分子運動が起こらず、そのために熱可塑性がありません。

形状記憶高分子も三次元網目構造を持っています。しかし、熱硬化性高分子ほど剛直な網目構造ではありません。そのために加熱すると変形することができ、そこで冷却すると変形されたまま硬化してその形を保ちます。すなわち本来の形とは違う形で固化するのです。

しかし、再び加熱されると柔軟になり、変形することができるようになるので、本来の自分の形を思い出し、元の形に戻るというわけです。

SECTION 35

導電性高分子

2000年にノーベル化学賞を受賞した白川博士の業績は、導電性高分子の発明と言うものでした。かつて、有機物は電気を流さない絶縁体と考えられていました。有機物の一員である高分子も、もちろん電気は流さないものとされていましたし、実際ポリエチレンやポリ塩化ビニルは絶縁体です。ところが、金属並みに電気を流す高分子が開発されたのです。

導電性

電流とは電子の流れです。電子をよく流すものが伝導体(良導体)であり、流さないものが絶縁体です。典型的な伝導性高分子はポリアセチレンです。これは三重結合を持つアセチレンが重合したもので、分子鎖には一個おきに単結合と二重結合が交互に並んでいます。このような結合には、π電子と言う電子が詰まっています。π電子は原子に緩く結合した電子であり、分子内を自由の動き回ることができます。

電気（電子）が流れるか流れないかの説明法はいろいろありますが、次の説明がわかりやすいでしょう。

電気を流そうとする物質を道路とし、電子を自動車としましょう。道路にあまりに多くの車が溢れると渋滞を起こして車は流れなくなります。この状態にあるのがポリアセチレンであり、絶縁体です。この状態を緩和して車が流れるようにするにはどうしたらよいか？　簡単です。車を間引いて少なくすれば良いのです。

●ポリアセチレン

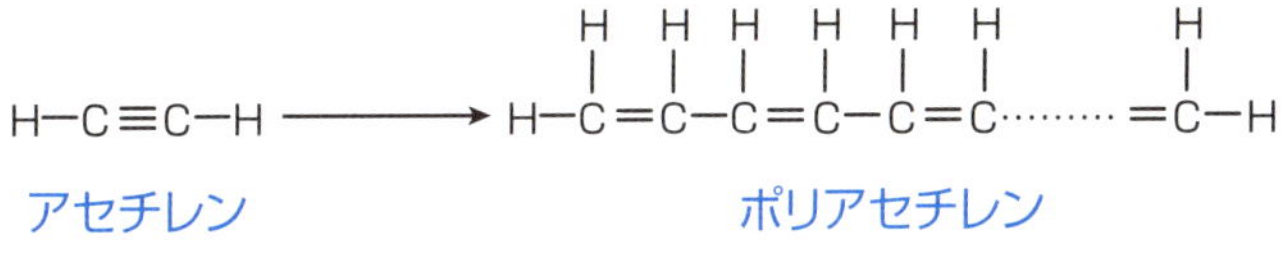

●伝導体

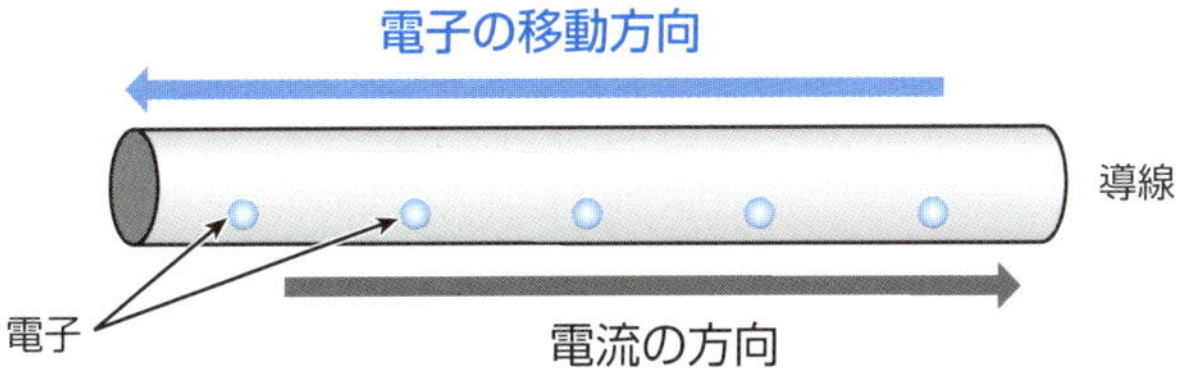

ドーピング

伝導性高分子は、このように分子内のπ電子を間引いて少なくしたものなのです。この「電子を間引く物」がドーパントと呼ばれる不純物であり、ドーパントを加えることを「ドーピング」と言います。

最初に見つかったドーパントは、ヨウ素I_2でした。電気陰性度が炭素より大きく、電子を引き付ける性質のあるヨウ素がπ電子を吸収したおかげでポリアセチレンは金属並みの伝導性を獲得したのでした。

●伝導度

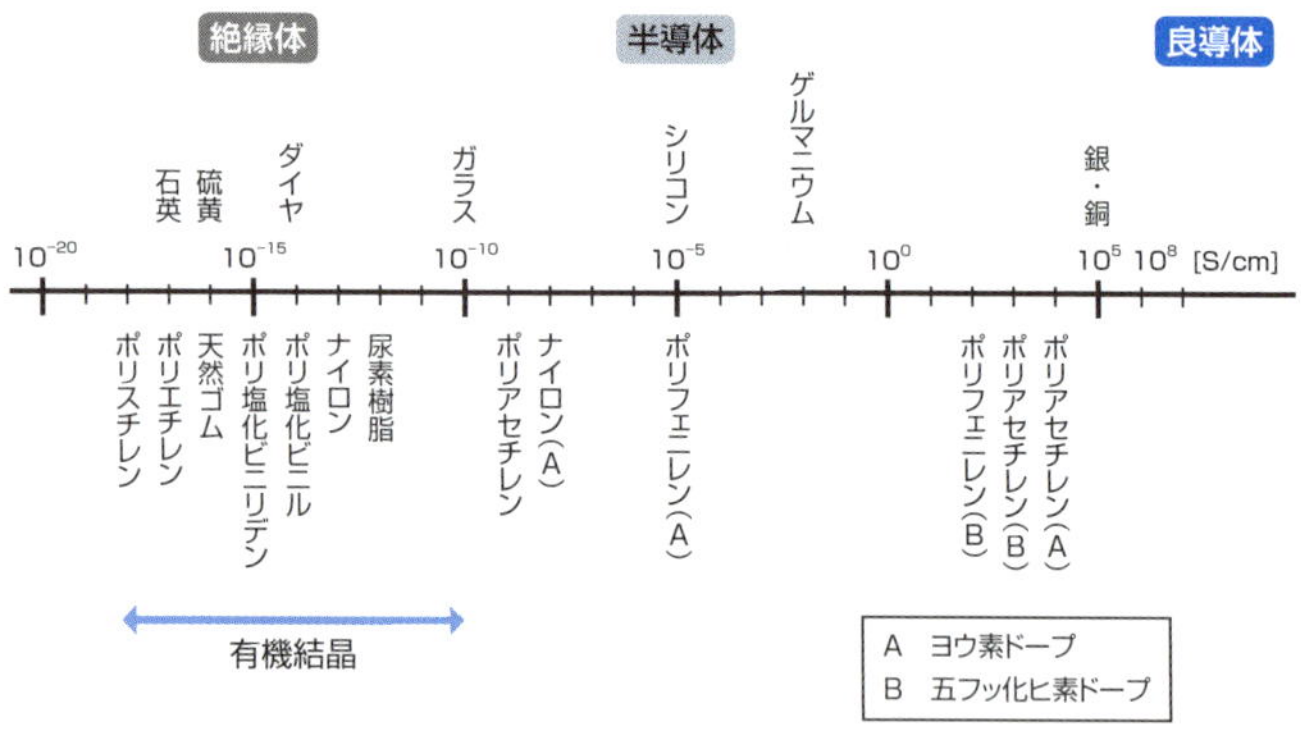

SECTION 36
超伝導性高分子

超伝導状態

金属の伝導度は温度が低くなるほど上昇します。そしてある種の金属では絶対温度数度（数ケルビン）という極低温になると伝導度が突如無限大になります。すなわち電気抵抗が突如0になるのです。この温度を臨界温度と言い、電気抵抗0、つまり、電気抵抗なしに電流を流せる状態を「超伝導状態」と言います。

超伝導状態のコイルには電気抵抗なしで大容量の電流を流すことができますから、電磁石に応用

●超伝導状態

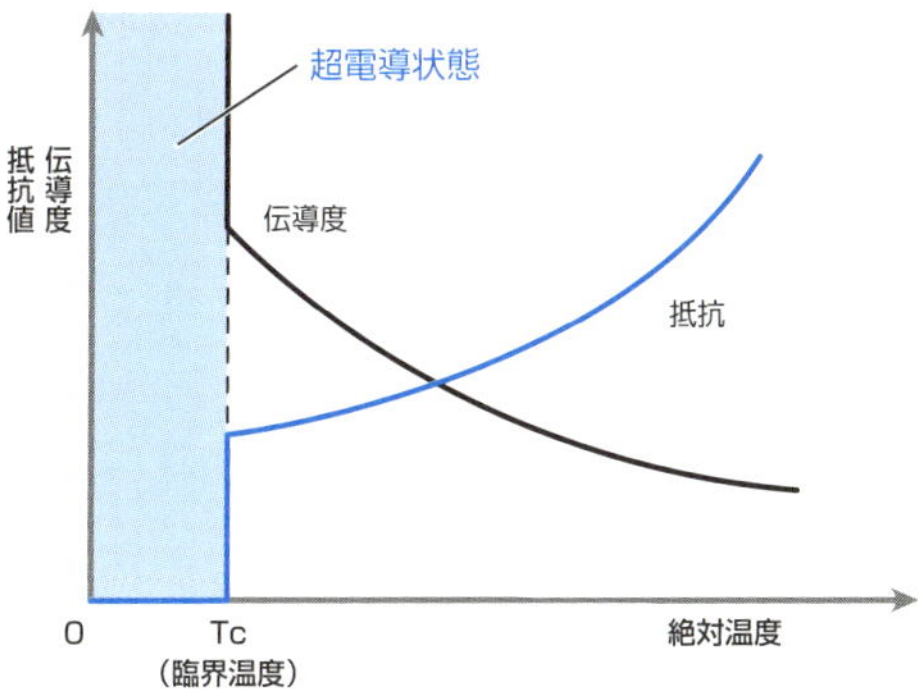

すれば超強力な電磁石を作ることができます。このような磁石を超伝導磁石と言い、脳の断層写真を撮るＭＲＩなどに使われています。ＪＲのリニア新幹線では車体を浮かせるのに超伝導磁石の反発力を利用しています。

超伝導現象が最初に発見されたのは１９１１年で金属は水銀、臨界温度は４ケルビンでした。

有機超伝導体

ところが最近では有機物でも超伝導性を示すものが開発され、有機超伝導体と呼ばれています。そして、有機超伝導体の一種として、超伝導性高分子が開発されたのです。これは硫黄原子を含む5員環化合物であるチオフェンを高分子化したもので「ポリチオフェン」と言います。臨界温度は36ケルビンと言いますから、かなり高いということができるでしょう。

●ポリチオフェン

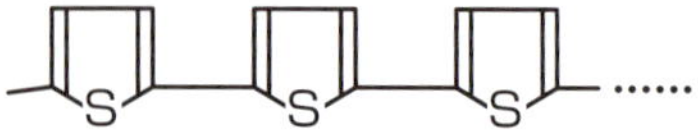

ポリチオフェン

SECTION 37
圧電性高分子

圧電性高分子とは、高分子に圧力を掛けるとその電気的性質が変化するというものです。

性質と利用

圧電性高分子の具体的な特性は次のものです。

❶ 高分子に圧力を掛けて変形させると電気が起こる
❷ 反対に高分子に電気を流すと高分子内に圧力が生じて変形する

❶の性質を利用すると、圧力を掛けるという機械エネルギーを電気エネルギーに変えることができます。また、❷を利用すると電気エネルギーを直接、機械エネルギー

に変換することができます。簡単な例は高分子フィルムスピーカーです。壁に掛けた絵画そのものから音が出るということも可能になります。

構造と原理

代表的な圧電素子はフッ素を持ったエチレン誘導体、ビニリデンフルオライド$H_2C=CF_2$の高分子です。水素とフッ素を比較すればフッ素の方が電気陰性度が高く、電子を引き付ける力が大きいので、ビニリデンフルオライドは、フッ素側が－、水素側が＋に荷電します。これは高分子化しても同じことですから、この高分子は高分子鎖の片方が－、反対側が＋に荷電していることになります。このような状態を「極性状態」と言います。

普通の状態の高分子フィルムでは、高分子鎖の方向はバラ

●圧電素子

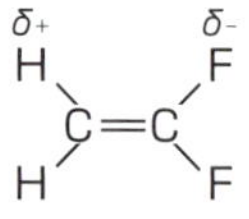

電荷の向き

ビニリデンフルオライド

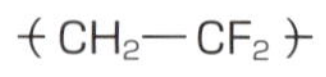

電荷の向き

ポリビニリデンフルオライド

バラ(このような状態を「等方向的」と言う)ですから、フィルム全体としては電荷は打ち消されています。しかし、このフィルムに電場を掛けながら延伸すると分子鎖は強制的に一定方向を向くことになります。このようなものを一般に「エレクレット」と言います。

このエレクレットに圧力を掛けて分子の向きを変化させると電場が乱れて電流が流れることになります。反対に電流を流すと分子の向きが乱れ、それが変形となって現われることになります。

●エレクレット

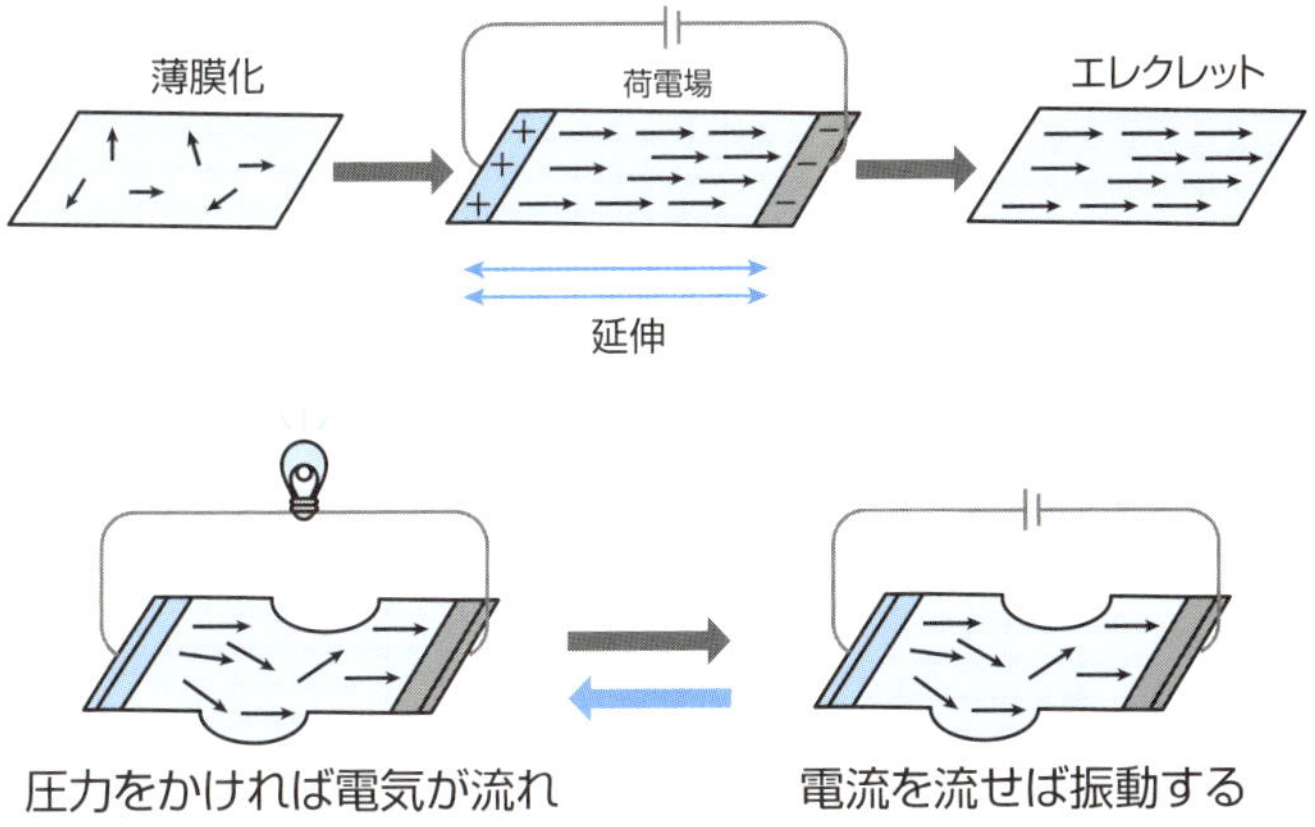

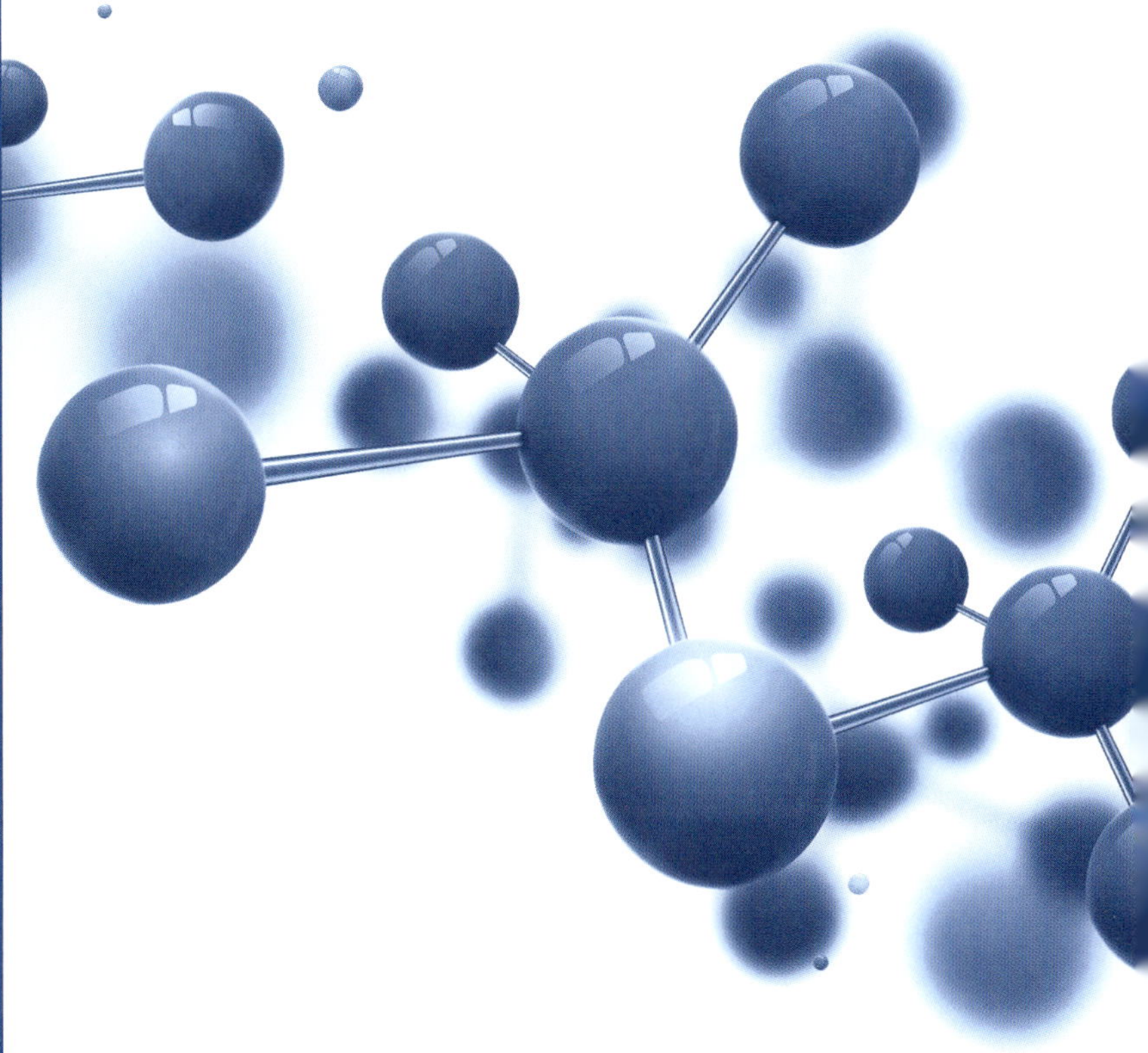

Chapter. 8
高分子の応用

SECTION 38

無機高分子

ナイロンが発表されてからまだ80年ほどしかたっていませんが、高分子は、驚くほどに発達しました。本章では、これまでに紹介できなかった特殊な高分子、特殊な用途、および環境との関わりなどをみてみましょう。

ここまでに見た高分子は、いずれも炭素C、水素Hを主な構成原子とした、すなわち有機化合物の高分子でした。しかし、高分子には無機系の物もあります。

炭素繊維

普通の高分子は、炭素原子C以外の原子を含みます。ところが、炭素以外どのような元素も一切含まないという高分子があります。それが炭素樹脂です。これは一般に炭素繊維と呼ばれるものと、カーボンナノチューブ類に分けて考えることができます。

炭素繊維の特徴

炭素繊維の特徴は簡単に言えば「軽くて強い」ということです。鉄と比較すると比重で4分の1、比強度で10倍、比弾性率が7倍もあります。その他にも、耐摩耗性、耐熱性、熱伸縮性、耐酸性、電気伝導性に優れるなどの特徴があります。

しかし、炭素繊維にも短所はあります。それは価格が高い、加工が困難、リサイクルが困難などです。加工が困難なことの主な原因は、炭素繊維の性質が異方性をもち、積層の方向によって物性に大きな差が出ることです。そのため、加工には特殊なノウハウが必要となります。炭素繊維には、PAN系とPITCH系の2種類がある。

❶ PAN系炭素繊維

有機系高分子であるポリアクリロニトリルから導かれるものであり、その反応はChapter.4で見た通りです。この構造は、グラファイトの多層構造を構成する一層の膜構造と同じものと考えることができます。

❷ＰＩＴＣＨ系炭素繊維

ピッチ系炭素繊維は、その名の通り石油精製あるいは石炭乾留の際に出る副産物である「ピッチ」から製造されます。そのため、ＰＡＮ系炭素繊維に対してＰＩＴＣＨ系炭素繊維の構造は必ずしも明確でないところがあります。

原料のピッチには、溶融状態で等方性を示す「等方性ピッチ」と異方性を示す「異方性ピッチ」があります。「等方性ピッチ」より作られた繊維は黒鉛結晶の発達が少ないため弾性率、強度、熱伝導率が低くなり、また長繊維を製造することが困難です。しかし、軽量で耐熱性があり、比較的安価である事から広く産業分野で利用されています。

一方「異方性ピッチ」から作られた炭素繊維は「メソフェーズピッチ」炭素繊維とも呼ばれ、黒鉛結晶の発達した長繊維を製造することができます。

カーボンナノチューブ

カーボンナノチューブの構造は、図のようなものです。すなわち、ＰＡＮ系炭素繊維の一層が丸まって円筒状になったものです。カーボンナノチューブは、膜が丸まってチューブ状になっただけでなく、膜の合わせ目は融合しています。またチューブの両端は多くの場合閉じています。

カーボンナノチューブには太い円筒の中に細い円筒が閉じ込められた入れ子式の構造も存在し、複雑なものでは7重ほどの入れ子構造のものも知られています。

カーボンナノチューブは、軽くて強いという素材としての優れた性質を持つため、将来実現するであろう宇宙エレベーターのケーブル用素材として注目されています。また、中空の構造を利用して中に薬剤を詰めて患部に直接薬剤を送るDDS(Drug Dlivery System)としての利用も考えられています。

カーボンナノチューブは他にも、半導体の性質もあるため、電子素材への応用も期待されるなど、その利用範囲は広いものがあります。その一方、構造が細くて鋭い針のようなものなので、吸入するとアスベストと同様に中皮腫になる恐れがあり、注意が促されています。

●カーボンナノチューブ

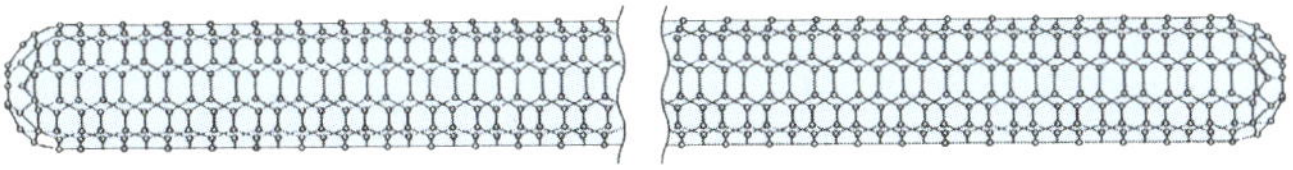

ケイ素樹脂

主鎖にケイ素原子Siを含む高分子を一般に「ケイ素樹脂」と言います。主鎖がケイ素だけ、酸素を含む、炭素を含むなどによっていくつかの種類があります。

❶ポリシラン

主鎖がケイ素原子のみでできた高分子です。一見したところ、炭素原子でできた有機系高分子と大きな違いは無いように見えます。しかし、ケイ素原子の価電子には3d電子と言う、炭素には無い電子があり、これが電子の流動化という癖玉を投げます。その結果、ポリシランは特異な光学特性を持ちます。

現在のところ、液晶モニターなどの透明コーティングに使用されている程度ですが、次なる大きな出番をうかがっているというところでしょう。

●ポリシラン

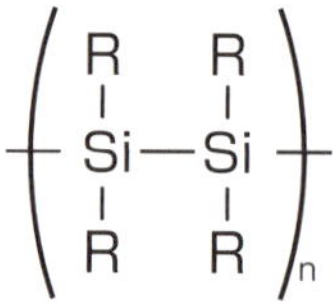

ポリシラン

❷ ポリシロキサン（シリコーン）

一般的にシリコン樹脂と言えばこれを指すと言ってもよいでしょう。一般的にシリコーンと呼ばれますが、元素名と同じシリコン、あるいはシリコン樹脂と呼ばれることもあり、紛らわしいです。

構造は、主鎖がシロキサン結合、－Si－O－Si－O－の連続です。強い撥水性を持ち、相当する炭素骨格の高分子に比べて耐油性・耐酸化性・耐熱性が高く、絶縁性もあります。また、生体に対しての親和性が低いので医療器具などにも用いられます。シリコンオイル、シリコンゴムとして大きい需要があります。

●ポリシロキサン（シリコーン）

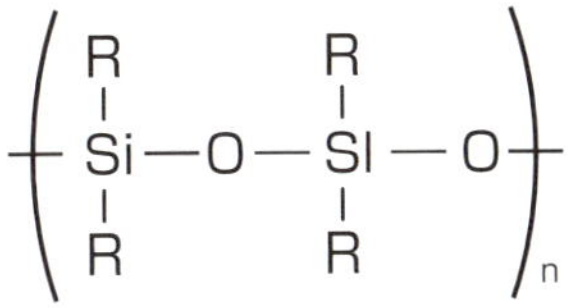

ポリシロキサン

❸ ポリカルボシラン

主鎖が－Si－C－と、ケイ素原子と炭素原子が交互に連続した高分子です。現在のところ、高分子そのものの利用よりは、炭化ケイ素膜（SiC膜）の前駆体として利用されています。すなわち、SiC膜をコーティングしたい物質表面に、この高分子を塗り、その後数百℃で焼結することによりSiCに変化させるのです。

ちなみに、炭化ケイ素は一般にカーボランダムともよばれ、光沢を持つ黒色あるいは緑色の粉粒体です。ダイヤモンドの弟分、あるいはダイヤモンドとシリコンの「あいのこ」的な性質を持ち、硬度、耐熱性、化学的安定性に優れることから、研磨材、耐火物、発熱体などに使われます。また半導体の性質も持ち、電子素子（デバイス）の素材にもなります。

❹ポリシラザン

主鎖が－Si－N－と、ケイ素と窒素が交互に結合した高分子です。置換基が全て水素Hのパーヒドロポリシラザンは大気中、あるいは水蒸気存在下で焼結するとシリ

●ポリカルボシラン

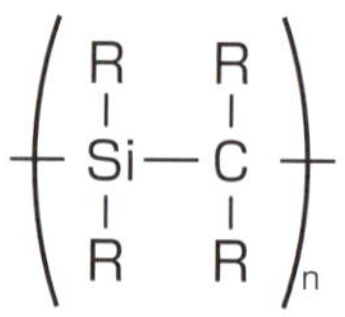

ポリカルボシラン

●ポリシラザン

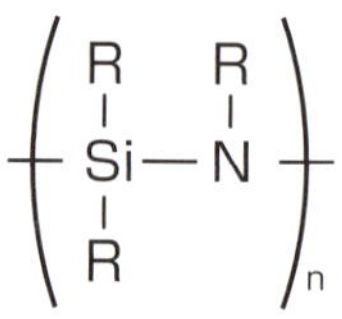

ポリシラザン

カSiO_2に変化するので、シリカコーティング剤として用いられます。

ホウ素樹脂

主鎖にホウ素原子Bが入った高分子です。

❶ポリボラジレン

これはホウ素Bと窒素Nからできた6員環芳香族化合物、ボラジンが連結した高分子です。

ボラジンは炭素を含まずに芳香族性を獲得した無機化合物として脚光を浴びた化合物であり、その高分子体は有機系芳香族高分子と比較してあらゆる意味で注目を集める高分子です。今後の研究がまたれます。

●ボラジン

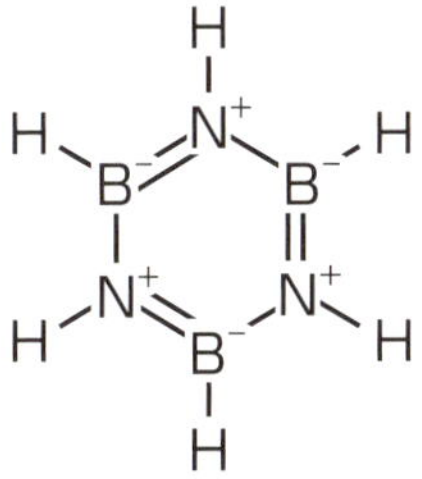

ボラジン

❷有機ホウ素ポリマー

有機ホウ素ポリマーは、有機系高分子の主鎖の一部にホウ素原子が入ったものです。ホウ素原子の高い反応性により、様々な置換基、機能団をポリマー主鎖に導入することができます。このため、従来の手法では得ることが困難な種々の高分子材料の合成が可能となりました。

●有機ホウ素ポリマー

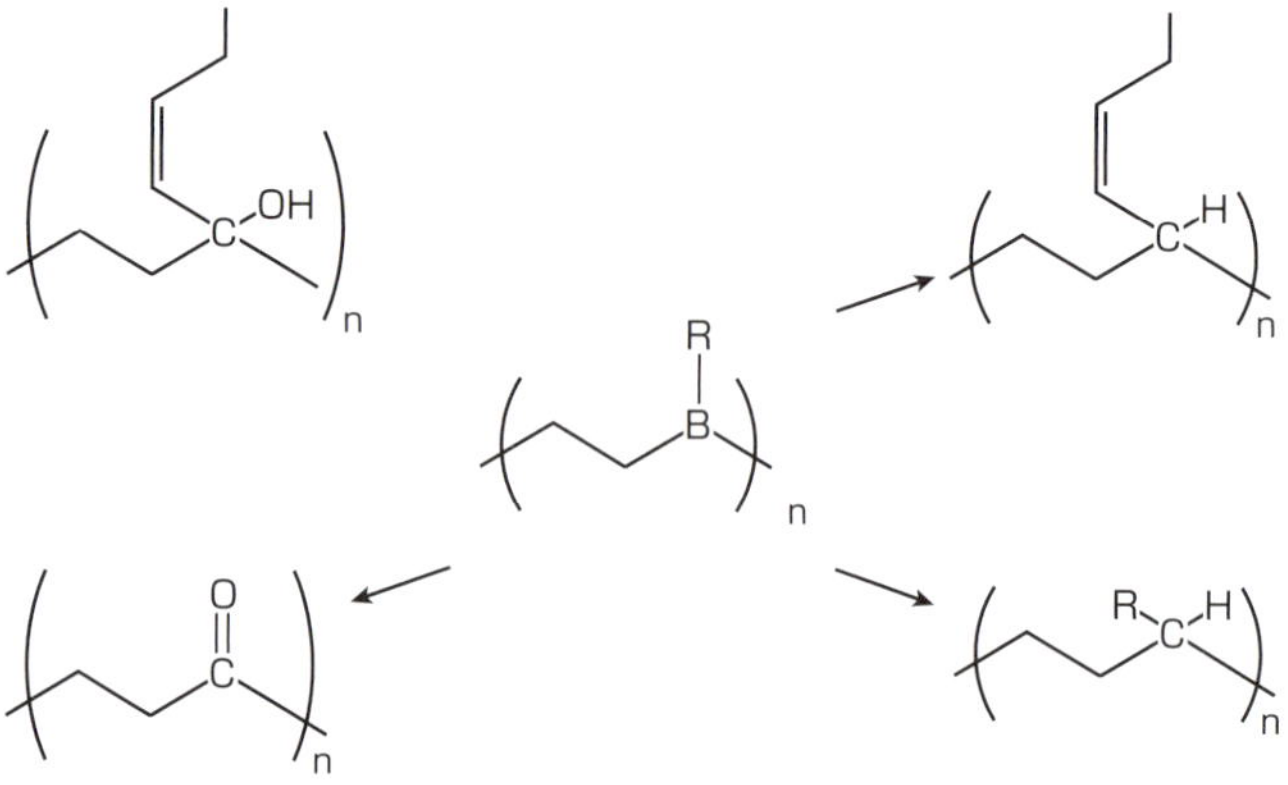

有機ホウ素ポリマー

SECTION 39
複合材料の種類と性質

製品を作るには材料、素材が必要です。素材には各種の物があり、それぞれ固有の長所と短所を持っています。高分子も同様です。このような素材を組み合わせたら、各素材の長所を併せ持った素晴らしい素材ができるのではないかという発想から生まれたのが複合材料です。

ラミネートフィルム

プラスチックフィルムは食品の梱包、保管に欠かせませんが、欠点もあります。以前、倉庫に保管したインスタントラーメンに、脇に置いた食品の匂いが移り、問題になったことがありました。

プラスチックは、分子レベルで見たら隙間だらけの物体です。酸素、

●ラミネートフィルムの例

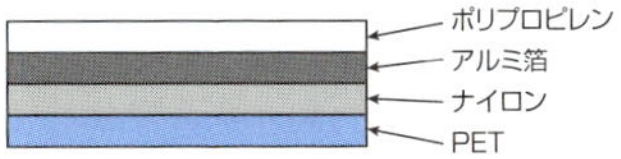

水蒸気、匂い分子など、小さい分子は簡単に通過することができます。

気体分子がプラスチックを通過する容易さを表した数値にバリア特性というものがあります。数値が大きいほど通過しやすいことを表します。

ラミネートフィルムは、バリア特性の異なる数種類のフィルムを貼り合わせたものです。フィルムの種類は高分子に限りません。アルミニウム箔はよく用いられる材料です。金属素材の場合には、真空蒸着がよく用いられます。この手法を用いると接着剤が効きにくいテフロンフィルムにも金属膜を重ね合わせることが可能となります。

●プラスチックフィルムのバリア特性

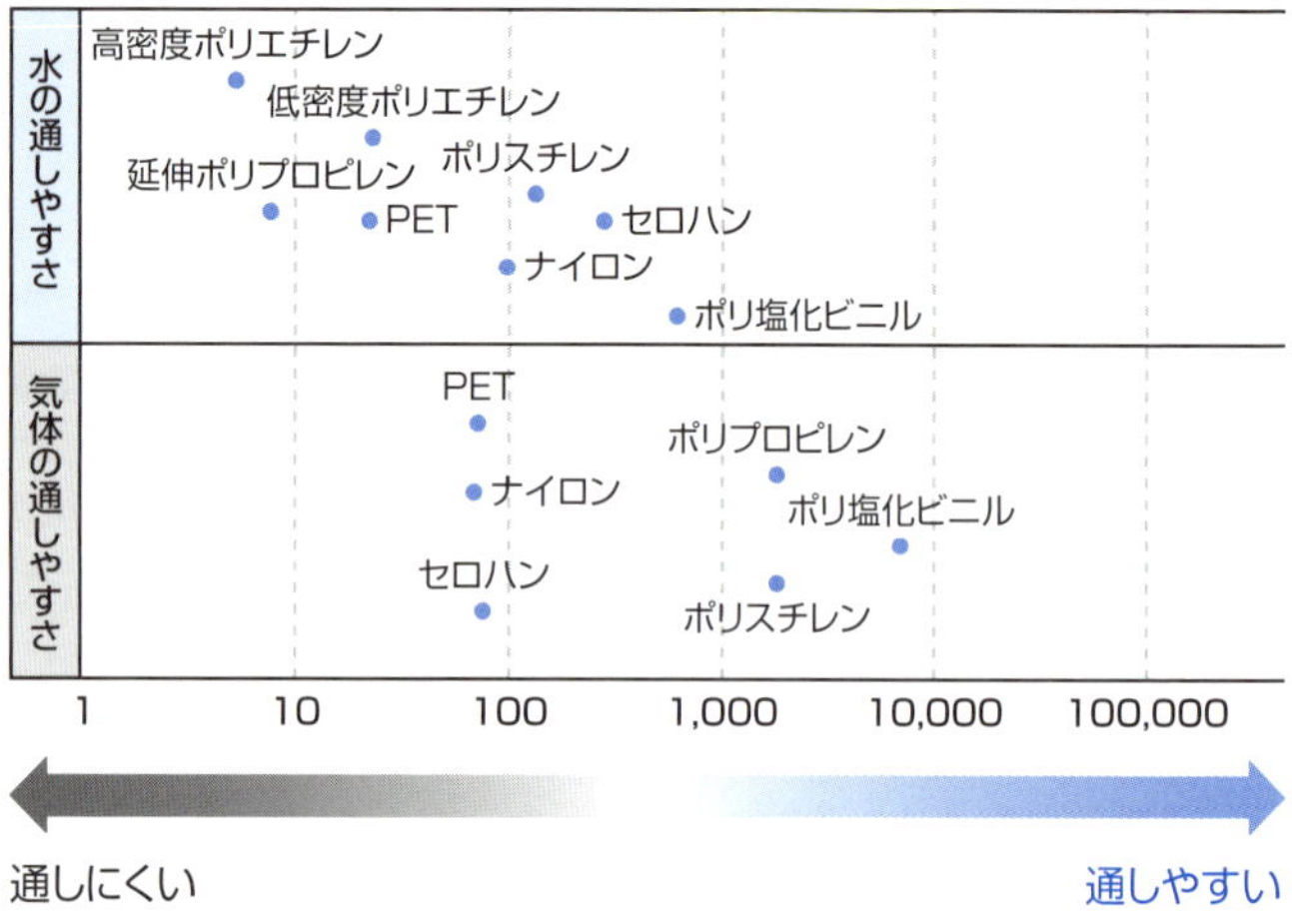

繊維強化プラスチック

各種繊維と各種高分子を複合させた材料を一般に「繊維強化プラスチックFRP（Fiber Reinforced Plastics）」と言います。鉄筋コンクリートはFRPの古典的な例と言えるでしょう。

セメントを固めたコンクリートは圧縮には強いものの、引っ張られると弱いです。それに対して鉄は引っ張りに強いです。この結果、鉄筋コンクリートは圧縮にも引張にも強く、現代建築を一身に背負っています。

❶素材

FRPの一般的な構造は図に示したように、繊維の束を液体高分子の中に浸潤させて固めたものです。この高分子部分を一般に「マトリックス」と言います。

マトリックスとしては、一般に熱硬化性高分子を使用します。

●繊維強化プラスチック

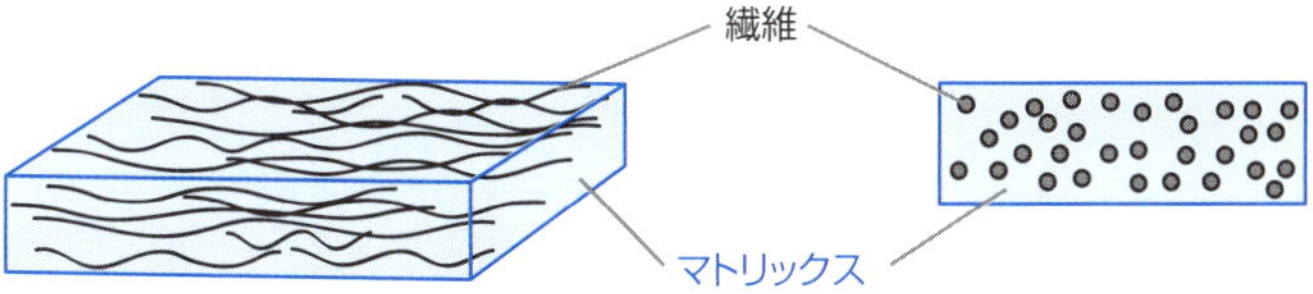

熱可塑性高分子を用いることもありますが、この場合は特に繊維強化熱可塑性プラスチックFRTP（Fiber Reinforced Thermo Plastics）と呼ばれることがあります。

FRPに用いられる繊維とマトリックスの主なものを表にまとめました。

❷ 一般的製造法

繊維の混入方法には、主に2種類の方法があります。細かく切断した繊維を均一に混ぜる方法と、繊維に方向性を持たせたままプラスチックに浸潤させる方法です。ガラス繊維は前者、炭素繊維は後者の方法を用いることが多いです。

成型方法としては、型に繊維骨材を敷き、硬化剤を混合した樹脂を脱泡しながら多重積層していくハンドレイアップ法やスプレーアップ法があります。他にも、あらかじめ骨材と樹脂を混合したシート状のものを金型で圧縮成型するSMCプレス法、繊維を敷

●FRPに用いられる繊維とマトリックス

繊維	ガラス繊維、ボロン繊維、アラミド繊維 金属繊維、カーボン繊維、高強度ポリエチレン
マトリックス	エポキシ樹脂、フェノール樹脂、ナイロン

き詰めた合わせ型に樹脂を注入するＲＴＭ法、オートクレーブで熱硬化性樹脂を硬化させて成形する方法などがあります。

❸長所と短所

ＦＲＰの長所は素材の強度以上に強い材料ができるということです。素材繊維の強度がＦＲＰにすることによって、どの程度強化されるかを表に示しました。

ガラス繊維、炭素繊維の場合で10倍以上、金属繊維のアルミニウム繊維の場合には20倍以上に強化されていることがわかります。

短所として挙げられるのは、不要になった後の処理です。異なった素材を分離することが大変に困難なのです。また、不具合が生じた場合に、部分的に修理することも難しいです。これは熱硬化性樹脂の性質によるものです。

●FRPに用いられる繊維とマトリックス

		ガラス繊維	炭素繊維	アラミド繊維	高強度ポリエチレン	Al_2O_3繊維
引張強度 GPa	単体	2.7	3.5	3.6	2.5	2.5
	FRP	39	49	29	7.9	67

マトリックス：エポキシ樹脂

繊維強化プラスチックの主な種類

繊維強化プラスチックの主なものを見てみましょう。

❶ガラス繊維強化プラスチック

ガラス繊維を用いたＦＲＰは一般にグラスファイバーの名前で呼ばれます。マトリックスには不飽和ポリエステル樹脂やエポキシ樹脂などの熱硬化性樹脂が用いられます。軽くて丈夫で比較的安価であることから、各種スポーツ用具や家庭用バスタブ、小型船舶などに用いられます。

❷炭素繊維強化プラスチック

１００％日本の技術で開発したということのできる炭素繊維を用いたＦＲＰです。炭素繊維にはＰＡＮ系、ＰＩＴＣＨ系、いずれもが用いられます。

最近、ボーイング社の新鋭機ボーイング７８７に大量に用いられたことで話題になりました。炭素ＦＲＰが航空機に用いられた歴史は古いですが、その航空機の重量に占める炭素ＦＲＰの割合は、ボーイング７８７に至って急速に増大していますす

ＦＲＰは軽くて丈夫ということで、耐摩耗性、耐熱性があり、さらに耐薬品性にも優れています。しかし、異方性が激しく、性能を充分に引き出すためにはノウハウに基づいた取り扱いが必要です。また、電気伝導性が高いのも特徴の一つです。カーボンの釣竿で誤って高圧線に触れて感電死する事故は、この性質が裏目に出た結果です。

このように優れた素材なので当然、戦闘機、ミサイル、ロケットなど各種兵器の重要な部品にもなりえます。そのため、炭素繊維ＦＲＰは兵器関連物質としての取り扱いを受け、輸出には厳重な規制がかけられています。

❸金属繊維強化プラスチック

金属繊維と有機高分子素材の複合材料です。金属としてはアルミニウム、タングステン、モリブデン、ベリリウム、鉛、ステンレスなど各種のものが用いられます。

金属繊維の製造法には、金属塊から削り出す、ノズルから射出する、ダイスを通して引き抜いて細くし、さらにそれを電解で細くする、溶かした金属を回転板上に噴出し、遠心力で繊維状にするなどの方法があります。また、ガラス管内に入れて加熱しガラスといっしょに引き伸ばすというものもあります。

❹ステンレス繊維強化プラスチック

用途は幅広く、ステンレス鋼の耐食性、耐熱性、熱伝導性を利用し、ガラス、自動車、ファインケミカルの各業界で使用されます。また、アスベスト代替製品としての利用も注目されています。

❺アモルファス金属繊維強化プラスチック

普通の金属は微細な結晶の集まりであり、原子が規則的に積み上がった状態です。これを液体のように不規則な状態にして固化した金属を「アモルファス金属」と言います。一般にアモルファス金属は結晶金属に比べて機械的強度、耐熱性、磁性などにおいて優れた性質を持つことが知られています。

しかし、金属をアモルファス状態にするには、溶融状態の金属を急速に冷却固化することが必要であり、実用的な量の作製は困難です。これを逆手にとったのがアモルファス金属繊維です。この繊維は、優れた軟磁性を備えた素材としてセキュリティーシステムの磁性センサー、携帯電話などの方位センサーとして用いられています。

SECTION 40

高分子の応用例

高分子は、いろいろの使い方をされていますが、身近にあって特殊な使い方をされている物、あるいは科学的に非常に高度な使い方をされている物もあります。そのような例をみてみましょう。

接着剤

2つの物質を接合するには、縫い合わせる、溶接する、釘、ネジ、カスガイでとめるなどの方法がありますが、接着剤での接着も伝統的で重要な手法です。その中で最近、進歩著しいのが接着法です。

昔ながらの天然素材、すなわち紙、木材、皮革などの接着だけでなく、最近ではプラスチック、金属、セラミックスなどほとんど全ての素材が接着によって接合されています。スペースシャトルの外壁についている耐熱タイルも接着剤で接着されています。

❶原理

接着の原理には2つの可能性があります。1つは化学結合法です。すなわち、ノリという化学物質が、接合する両物質の分子と化学結合することによって接合するというものです。もう1つはアンカー（錨いかり）による接合です。物質の表面は平滑に見えますが、多少の凸凹はあります。このような物体の接合面に接着剤を塗ると、接着剤は両物質の凹面に入り込んで固化します。すなわち接着剤分子が両物質の間のカスガイとなって両分子を接合するのです。

接着剤としては昔から天然高分子が用いられてきました。すなわち植物性高分子としてはデンプンノリ（デンプ

●接着の原理

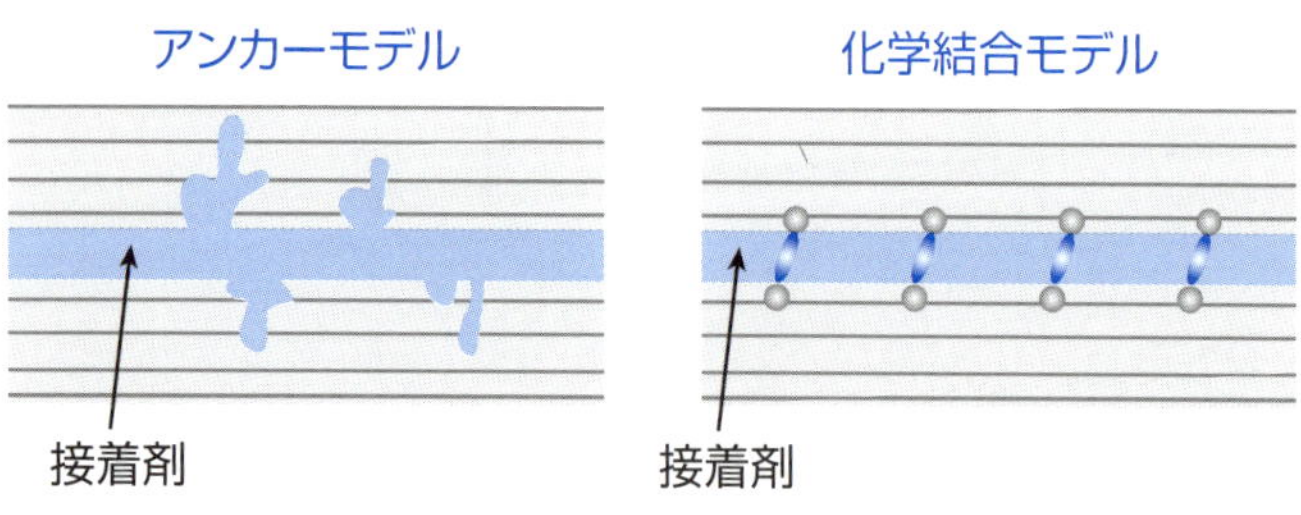

Chapter.8 ◆ 高分子の応用

ン)など、多糖類が用いられました。また動物性高分子としては卵白、卵黄、ニカワと言う名のコラーゲンタンパク質など多くの種類が用いられてきました。

❷ 瞬間接着剤

現代の接合は接着剤万能の観があります。中でも接着力が強力で使いやすいものとして合成高分子系の接着剤が多用されています。そのようなものに木工ボンドとして知られた酢酸ビニル系接着剤、メルト系と言われる熱硬化性高分子系接着剤、瞬間接着剤として有名なシアノアクリレート系接着剤などがあります。

瞬間接着剤の接着機構は空気中の水分子(水蒸気)によるものであり、次のようなものです。す

●接着の原理

$$CH_2=C \begin{smallmatrix} CN \\ \\ C-OR \\ \| \\ O \end{smallmatrix} \xrightarrow{H_2O} H_2O^+ - CH_2 - \overset{CN}{\underset{CO_2R}{C^-}} \longrightarrow CH_2=C \begin{smallmatrix} CN \\ \\ C-OR \\ \| \\ O \end{smallmatrix}$$

シアノアクリレート ①　　　　　②　　　　　　①

$$\longrightarrow HO-CH_2-\overset{CN}{\underset{CO_2R}{C}}-CH_2-\overset{CN}{\underset{CO_2R}{C^-}}-\cdots\cdots$$

③

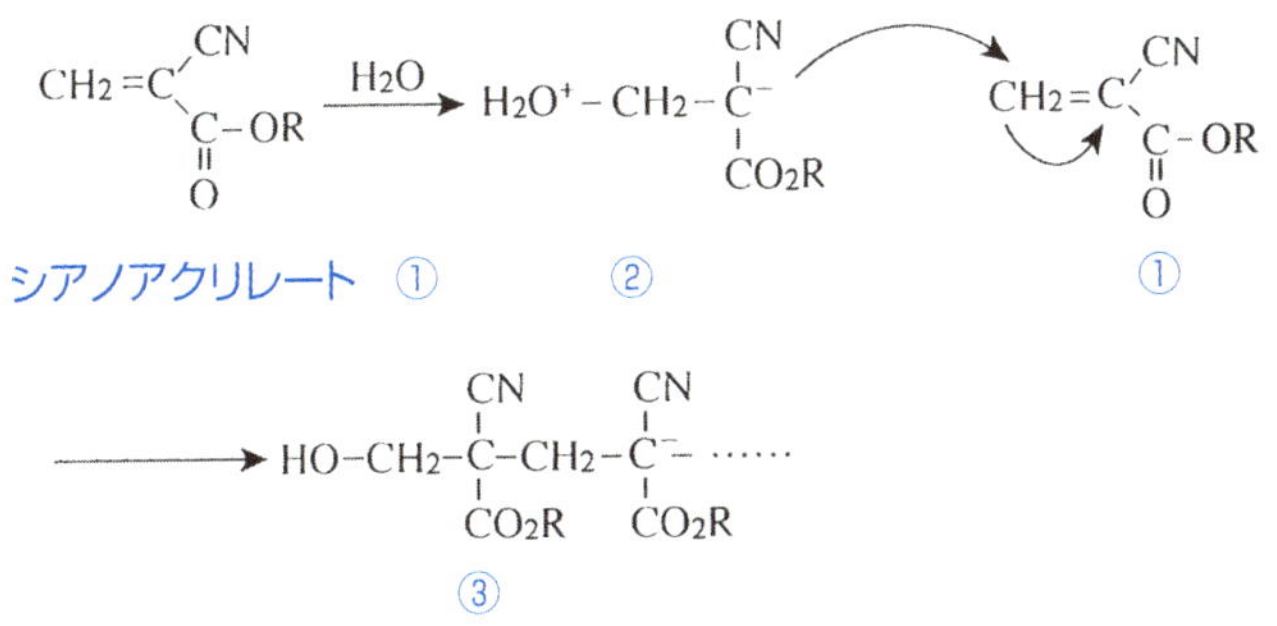

なわち水分子がシアノアクリレート分子①を攻撃すると中間体②となります。これがまた①を攻撃すると中間体③となるという具合に反応が連鎖反応となって次々と進行し、接合される物質表面の凹部分にシアノアクリレートの高分子が形成されることになるのです。

フォトレジスト

光硬化性高分子が歯科治療に貢献していることは先にご紹介しました。光硬化性高分子は印刷業界にも大きな貢献をしています。1つは印刷原版の作成です。つまり光硬化性高分子を使うと、写真をそっくりそのまま印刷原版に転換することができるのです。この方法は光レジスト法と言われ、印刷業界で広く利用されています。方法は次の通りです。

❶印刷原版にする金属に硬化前の光硬化性樹脂を塗ります。その上に写真のネガ(陰画)を置いて紫外線を照射します。光はネガの透明部分を透過して光硬化性樹脂に

到達し、その部分だけを硬化して固めます。

❷ネガを除いて樹脂部分を溶媒で洗います。すると光の当たらなかった部分は固化していないので溶媒に溶けて除去されます。

❸これで原版は完成です。インクを着けて印刷すれば、ネガの透明部分、すなわちポジ(陽画)の黒い部分だけにインクが乗り、黒く印刷されます。これで印刷完了と言うことになります。

●光レジスト法

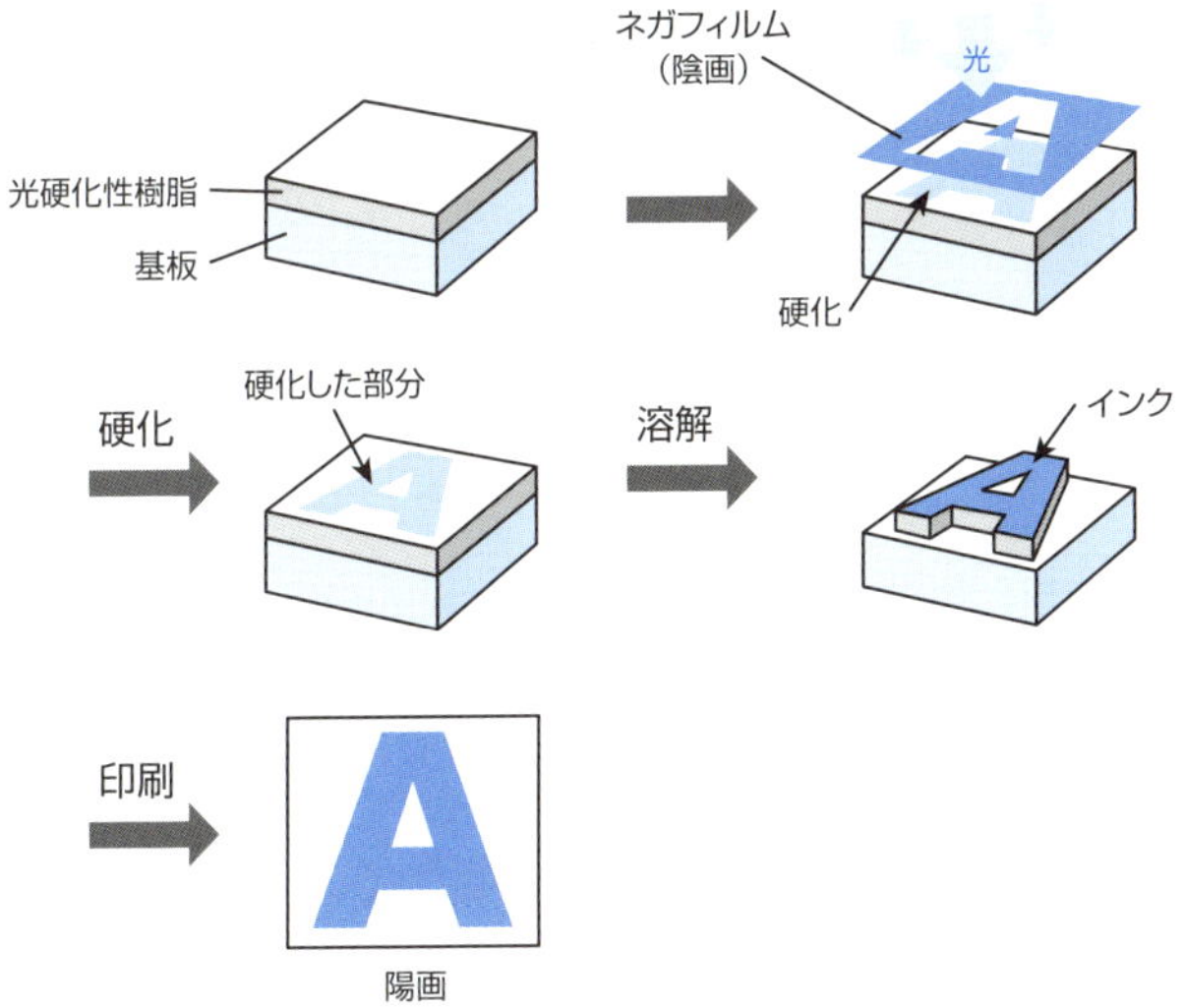

有機EL

　ELとはエレクトロルミネッセンス（電気蛍光）のことであり、電気エネルギーを直接、光エネルギーに変化させる装置のことを言います。無機物質のELは一般に発光ダイオード（LED）と呼ばれ、多方面で利用されています。このEL現象を起こす有機物のことを「有機EL」と言います。

❶有機ELテレビ

　薄型テレビには、液晶方式とプラズマ方式がありますが、第3の方式として登場したのが有機EL方式です。有機EL方式の利点は、有機物なので軽くて薄くでき、かつ曲げる、巻くなどの変形が可能なことがあげられます。

●有機ELの原理

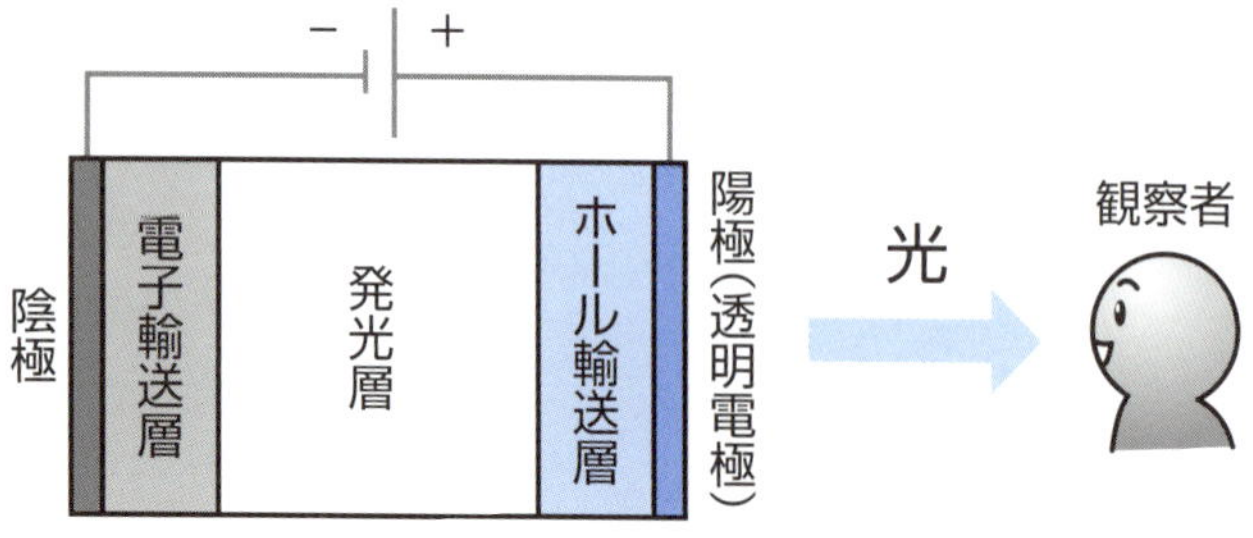

また、液晶テレビでは液晶パネルの他に常時発光を続ける発光パネルと言う2枚のパネルが必要になり、薄さへの障害と同時に省エネの障害ともなっています。

それに対して有機ELでは、有機物そのものが発光するので、パネルは有機層パネル1枚しか必要ありません。また、画面が暗いときには消費電力も少なくなり省エネです。さらに作成が容易であり、大量生産体制が整ったら価格は相当下がることが期待されます。

❷原理と構造

有機ELは、基本的に3層構造となっています。すなわち陰極から電子を運ぶ電子輸送層、陽極から正孔を運ぶ正孔(ホール)輸送層、そし

●有機ELの構造

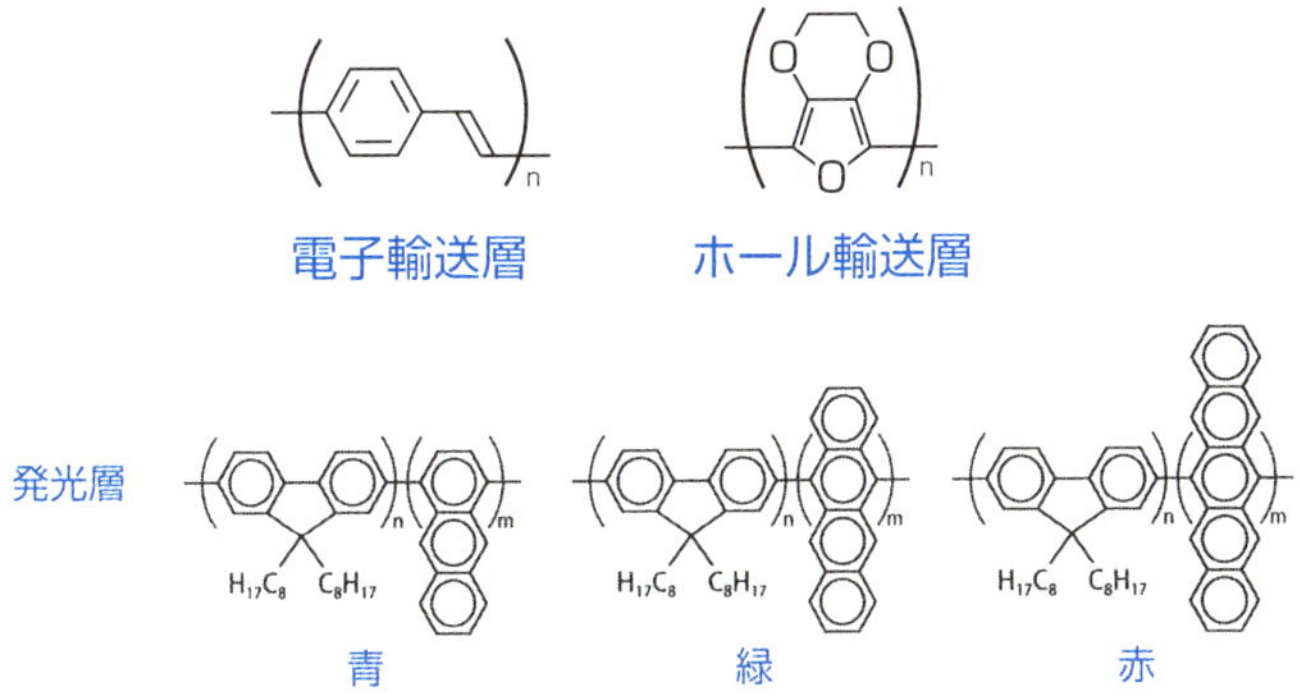

て、これらの電子と正孔を受け取って光を発光する発光層です。ただし、これらの3層は色の違う3種のペンキを塗り重ねるように、有機物を重ねれば良いだけですから、機械的な層としてはただ一層です。

これらの層を構成する分子は金属を含んだ有機分子ですが、これらに高分子を用いる研究が進んでいます。高分子を用いると製作法が一段と簡単になることが期待できます。

有機薄膜太陽電池

太陽電池は太陽の光エネルギーを直接電気エネルギーに変換する装置です。

❶原理

太陽電池の基本は、シリコン(ケイ素)Siを使ったシリコン太陽電池です。その原理を見てみましょう。シリコンは元素半導体ですが、伝導度が低すぎて太陽電池には使えません。そこで不純物を加えて不純物半導体とします。シリコンは14族元素で4個の価電子を持っています。ここに13族で価電子が3個のホウ素Bを加えると形式的に電子の少ないp（ポジティブ）型半導体となります。一方、15族で5個の価電子を持つリンPを加えると電子過剰のn（ネガティブ）型半導体となります。

太陽電池は、上から透明電極、非常に薄いn型半導体、p型半導体、金属電極を重ねたもので、両半導体の境界を「pn接合」と言います。太陽光は透明電極と薄いn型半導体を通ってpn接合に達します。するとその光エネルギーを受け取って接合面に電子e^-と正孔e^+を生じます。それぞれは半導体層を通って電極に達し、導線を通って電流となるという仕組みです。

●太陽電池の構造

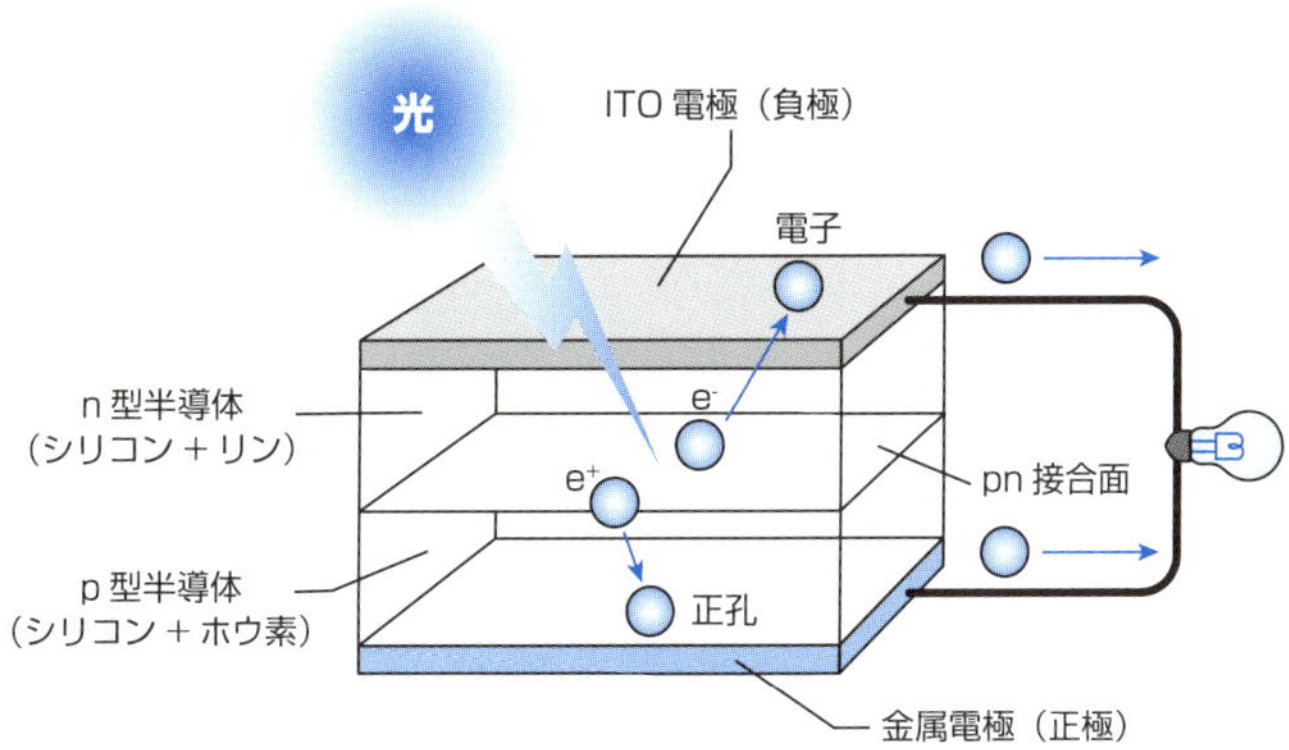

❷有機薄膜太陽電池

有機物を使った太陽電池を一般に有機太陽電池と言い、有機色素増感太陽電池と有機薄膜太陽電池があります。

高分子の使用が検討されているのは、主に有機薄膜太陽電池の方で、これはp型半導体、n型半導体、それぞれに対応する有機半導体を高分子で作ります。基本的な構造は金属電極の上にp型有機半導体を塗り、その上にn型有機半導体を塗り、その上に透明電極を重ねれば完成する簡単なものになります。将来的には塗り重ねなくても、両半導体の高分子混合物を塗ればOKと言うことになるでしょう。

光エネルギーを電気エネルギーに換える効率を「変換効率」と言います。現在、汎用型のシリコン太陽電池で約15%ほどなのに対して、有機太陽電池は実験室データで約10%ほどと、まだまだ低いです。しかし、製造コスト、軽量、柔軟な性質などを考えると、現状でもコストパフォーマンスはとれるとも言われます。

p型半導体

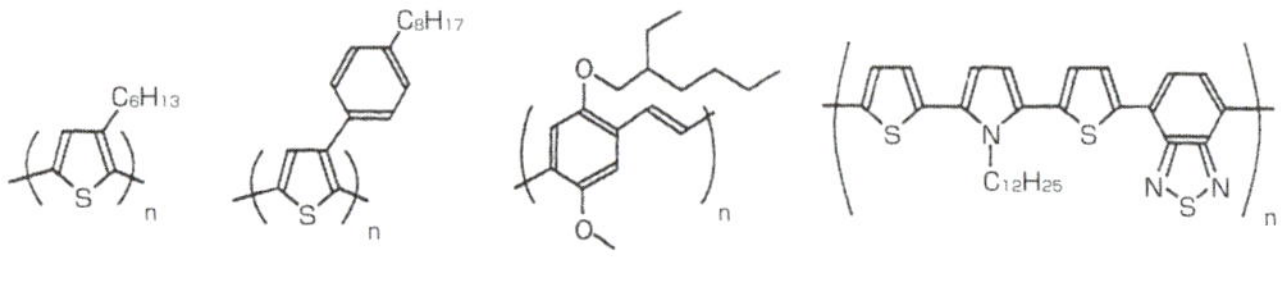

SECTION 41
環境と高分子

高分子は化学物質の一種として環境に負担を掛けることがあります。しかし、同時に環境浄化で大きな働きをもしています。

環境を汚す高分子

高分子が環境に負担を掛けている例を見てみましょう。

❶ 合成高分子

合成高分子の長所の1つは丈夫で長持ちすることです。これは確かに長所なのですが、短所にもなります。すなわち、不要になった製品の廃棄が困難と言うことです。釣り人が放棄した釣り糸は海に潜って漁をする人に絡まって事故の元になりかねません。海中に漂うビニール袋はウミガメがクラゲと誤食して死亡の原因にもなります。

熱硬化性高分子は、原料に毒性の強いホルムアルデヒドを用います。ホルムアルデヒドは化学反応によって完全に変化してしまいますから、熱硬化性高分子そのものに毒性は全くありません。しかし、化学反応は100％進行するものではありません。極めて少量ですが、未反応のホルムアルデヒドは製品中に残ります。これがジワジワと沁みだしたのがシックハウス症候群の原因になるのです。

また、塩化ビニールなど塩素を含む高分子を低温で焼却するとダイオキシンが発生することから、多くのゴミ焼却炉が高温燃焼型に切り替わったという事実もあります。

❷天然高分子

それでは、天然高分子は環境を汚さないのかというと、そうは言いきれません。問題にしたいのは、これらの生体構成高分子が廃棄された後にできる、いわば廃棄高分子です。

ヨーロッパの大河の水は褐色に色づいています。これは河川水に、フミンと言う高分子化合物が溶けているからです。フミンの構造式の一例は図に示した通りで極めて複雑な形をしています。単位分子の集合体ではありませんから高分子とは言えないかもしれませんが、巨大分子量の物質であることは間違いありません。

　フミンは水道水の殺菌に使われる塩素と反応してクロロホルム$CHCl_3$などのトリハロメタンを生成すると言われています。トリハロメタンは発がん性があると言われる危険物質です。

　その一方、フミンを硝酸などで化学処理したものは、窒素成分を含むため肥料、土壌改良剤などとして利用されています。

●フミンの構造式

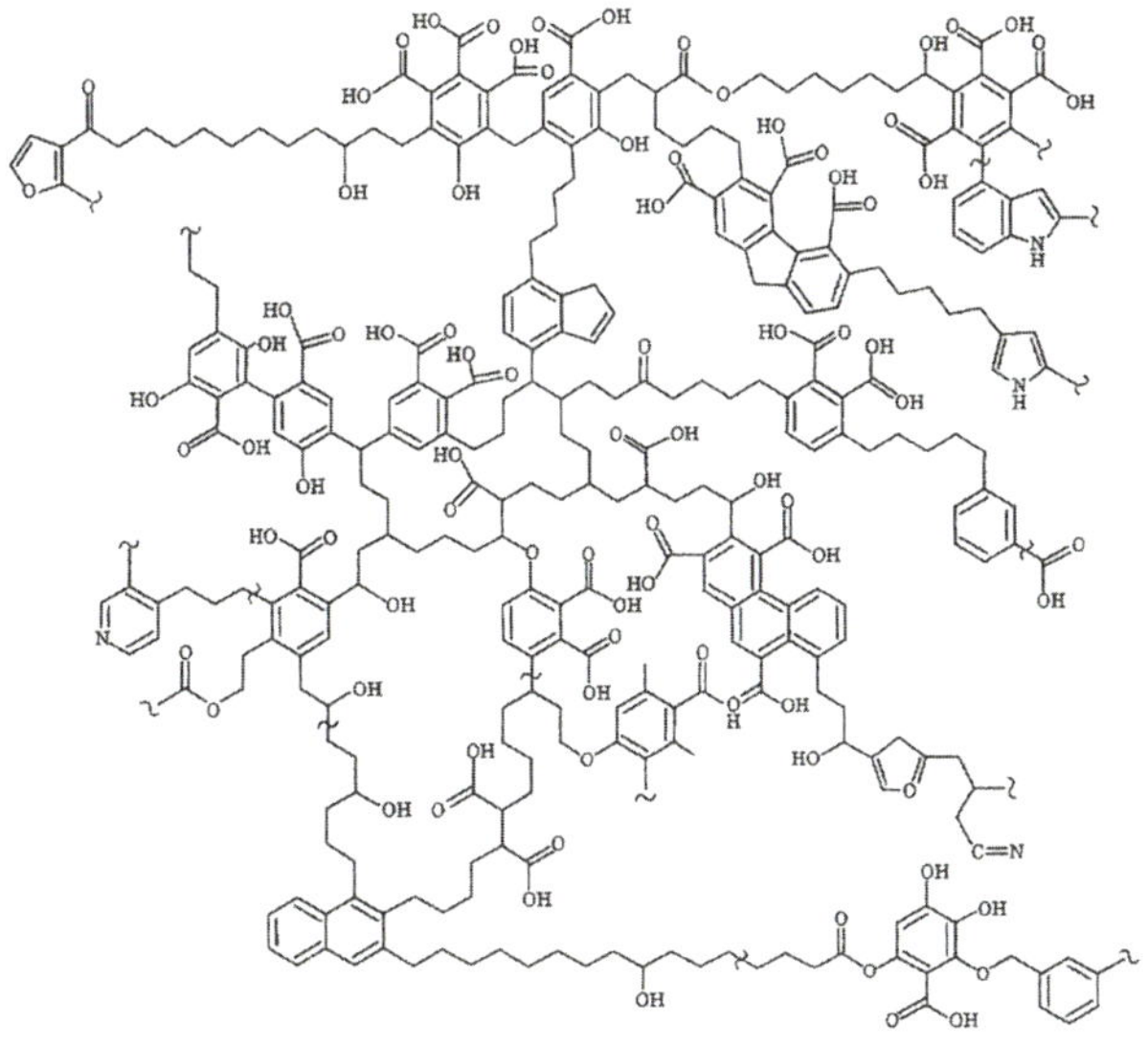

環境を汚さない高分子

環境を汚さないための一方として、環境中で容易に分解される高分子が開発されています。微生物によって分解される高分子を作ろうということで開発されたのが「微生物分解型高分子」と言われるものです。

❶生分解性高分子

合成高分子の中でもポリエチレン類は微生物によって最も分解されにくい物ですが、ポリアミド、ポリエステルなどはかなり分解されやすいことが知られています。したがってこのような結合を多く持つ高分子を作れば微生物によって分解されやすくなることが期待されます。

生分解性高分子中で、現在、最も分解されやすいと言われるのがポリグリコール酸であり、これの生理食塩水中での半減期は2

●生分解性高分子

名称	原料	構造	生理食塩水中半減期
ポリグリコール酸	$HO-CH_2-C(=O)-OH$ グリコール酸	$\left(O-CH_2-C(=O)\right)_n$	2～3週間
ポリ乳酸	$HO-CH(CH_3)-C(=O)-OH$ 乳酸	$\left(O-CH(CH_3)-C(=O)\right)_n$	4～6カ月

〜3週間です。そのため、手術用の縫合糸などにも利用されます。この糸で縫合すると体内で分解吸収されるため、抜糸のための再手術が不要になるのです。

半減期が4〜6カ月のポリ乳酸は普通の容器として用いられます。ただし、長期間の保存を要する物には、用いられないことは言うまでもないことです。

❷ 微生物生産高分子

ある種の細菌は炭素源を食べてヒドロキシブタン酸と言う物質を生産します。これは細菌の生産物であると同時に細菌の食糧ともなっています。この分子は、分子内にヒドロキシ基OHとカルボキシル基COOHを持っていますから、この分子だけでエステル結合をつくって高分子化することができます。微生物は、この高分子を食べて分解します。そしてまたヒドロキシブタン酸を排出することから、次に見る再生産型高分子と言うこともできるでしょう。

●微生物生産高分子

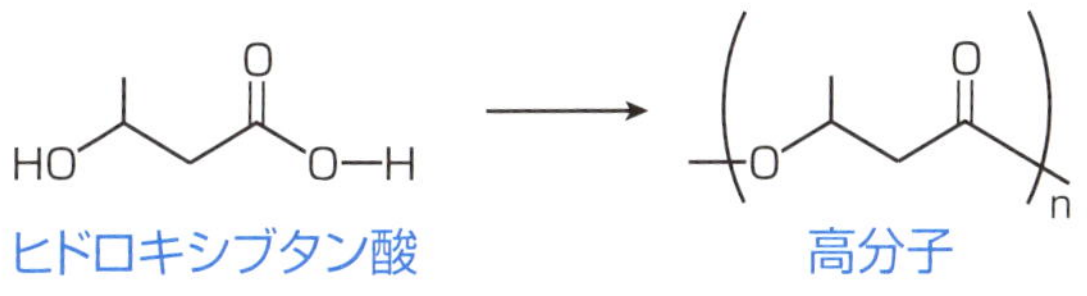

環境を清める高分子

合成高分子は汚れてしまった環境を整備改善するためにも役立っています。

❶砂漠の緑化

先に見た高吸水性高分子は、砂漠に木を植えるという緑化にも役立っています。すなわち砂漠に高吸水性高分子を埋め、その上に植林するのです。この状態で散水すると高分子が吸水して水を保持してくれます。すなわち、吸水期間を大幅に延長することができるのです。また、雨が降ったらその水分をも保持して、長期間にわたって植物に水分を供給し続けてくれるのです。

❷沈殿剤

濁った河川水を水道水に用いる場合には、ゴミを沈殿させて取り除く必要があります。ところがゴミがコロイド化している場合には、コロイド粒子の表面にある電荷の反発があってなかなか沈殿しません。

このような場合に活躍するのが高分子系の沈殿剤です。

沈殿剤にはイオン性の置換基がたくさん着いており、その電荷とコロイド粒子の電荷の間の静電引力によって沈殿剤が多くのコロイド粒子を集め、沈殿させるのです。

正電荷を帯びたコロイドには陰イオン性沈殿剤、負電荷を帯びたコロイドには陽イオン性沈殿剤を用います。

●沈殿剤

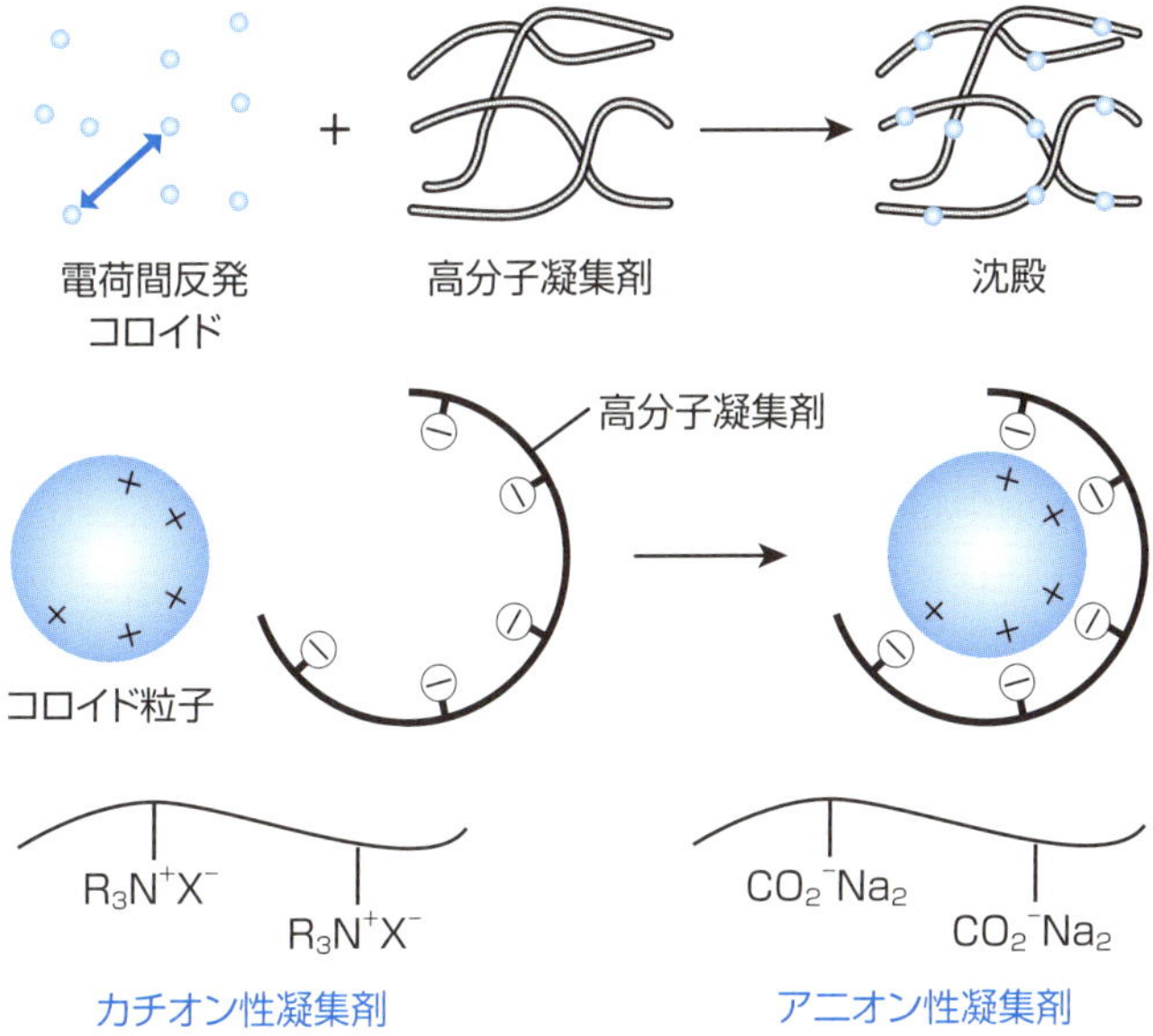

再生産型高分子

植物を燃やせば二酸化炭素と水が発生しますが、植物はこれらを利用して成長します。すなわち、植物は再生産して循環しているのです。このような植物を原料として生分解性高分子を作れば高分子が循環再生産されることになります。具体的にはトウモロコシなどのデンプンを乳酸発酵して乳酸とし、これを高分子化してポリ乳酸を作るのです。トウモロコシ7粒から厚さ25μのA４版型フィルム1枚ができるそうです。

しかし、多くの人の貴重な食料になっているトウモロコシをこのような用途に使ってよいのかという倫理的・人道的な問題は残ります。

●再生産型高分子

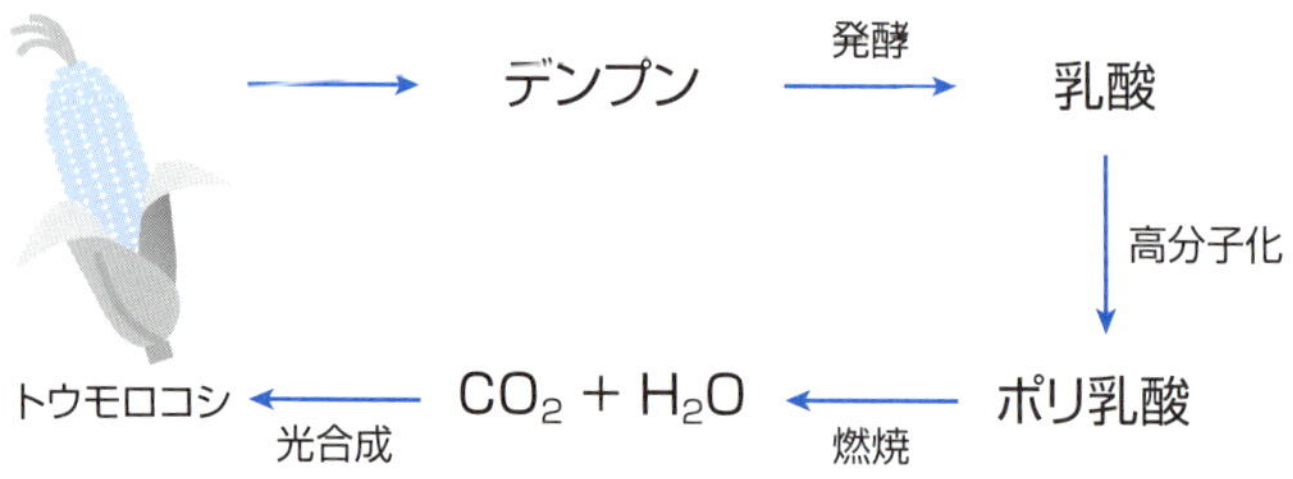

SECTION 42
高分子の3R

私たちは環境から資源をもらい、その有効な部分だけを使い、他の部分は廃棄物として自然に戻します。その結果、自然は本来の姿から変わっていきます。このまま放置したら、自然はもとに戻ることができなくなるかもしれません。

そのために強調されているのが「節約（Reduce）」「再使用（Reuse）」「再利用（Recycle）」の3Rです。

節約（Reduce）

無駄遣いを止めようと言うことです。できるだけ資源を使わず、有効に生かそうという方針です。現代文明は資源の使い捨てに走りすぎたという反省の意味もあります。クールビズ運動などは、その一環と見ることもできるでしょう。

日本中の無人販売機で使う電力は50万kWの原子力発電所の発電量に匹敵するとの試算もあります。資源の無駄遣いは避けなければなりません。

再使用(Reuse)

一度使った物を捨てるのではなく、もう一度使おうという方針です。家庭で使う食器は再使用しますが、コンビニで買ってくるお弁当の容器は使い捨てです。再使用のお手本はビール瓶や、お酒を入れる一升瓶です。共に90％以上が回収され、再使用されています。アルミ缶やスチール缶の回収率も80％以上を誇っていますが、これらは再使用されるのではなく、一旦融かして原料金属に戻してから、改めて金属として用いますから、最使用(Reuse)ではなく再利用(Recycle)になります。

しかし、再使用にも問題はあります。食器の再使用の場合には衛生的な安全と言う大きなハードルがあります。それをクリアするためには充分な洗浄、殺菌のための設備、薬剤、人員のための費用が必要となります。そうでなくとも、回収するための機構、設備、運搬費用を考えると、再使用がいつも必要とは言いきれなくなります。

リサイクル

一度用いた器具などを、原料の形に戻し、再加工して用いるものを再利用「リサイクル」と言います。リサイクルには、器具を再び原料物質に戻してから再利用する物質リサイクルと、燃料として燃やし、その熱エネルギーを利用するサーマルリサイクルがあります。

❶ マテリアルリサイクル

サーマルリサイクルを除いたリサイクルには2種類あります。1つは、プラスチック製品をプラスチックのまま再利用することです。これを「マテリアルリサイクル」と言います。プラスチック製品を加熱熔融して原料プラスチックとし、再び成形して別のプラスチック製品として利用することです。言うのは簡単ですが、実効は大変です。プラスチックの種類はたくさんあります。これを混ぜて融かしたプラスチック液は組成が不純で、ほとんど使い物になりません。分別回収しても、不純プラスチックを除くのは不可能です。

❷ケミカルリサイクル

例えば、ナイロン製品を化学分解して原料のアジピン酸とヘキサメチレンジアミンにし、それぞれを化学的に精製した後、再び反応させてナイロンに再生して使うというものです。理想としては素晴らしいのでしょうが、およそ実現性は無いでしょう。

分解反応、再生再正反応に要する化学試薬、エネルギー、人力、さらに運搬費、分別費などを考えたら、石油から始めた方が効率的でしょう。

❸サーマルリサイクル

プラスチックをそのまま燃やし、発生した熱をエネルギーとして利用しようという方

●プラスチックのリサイクル

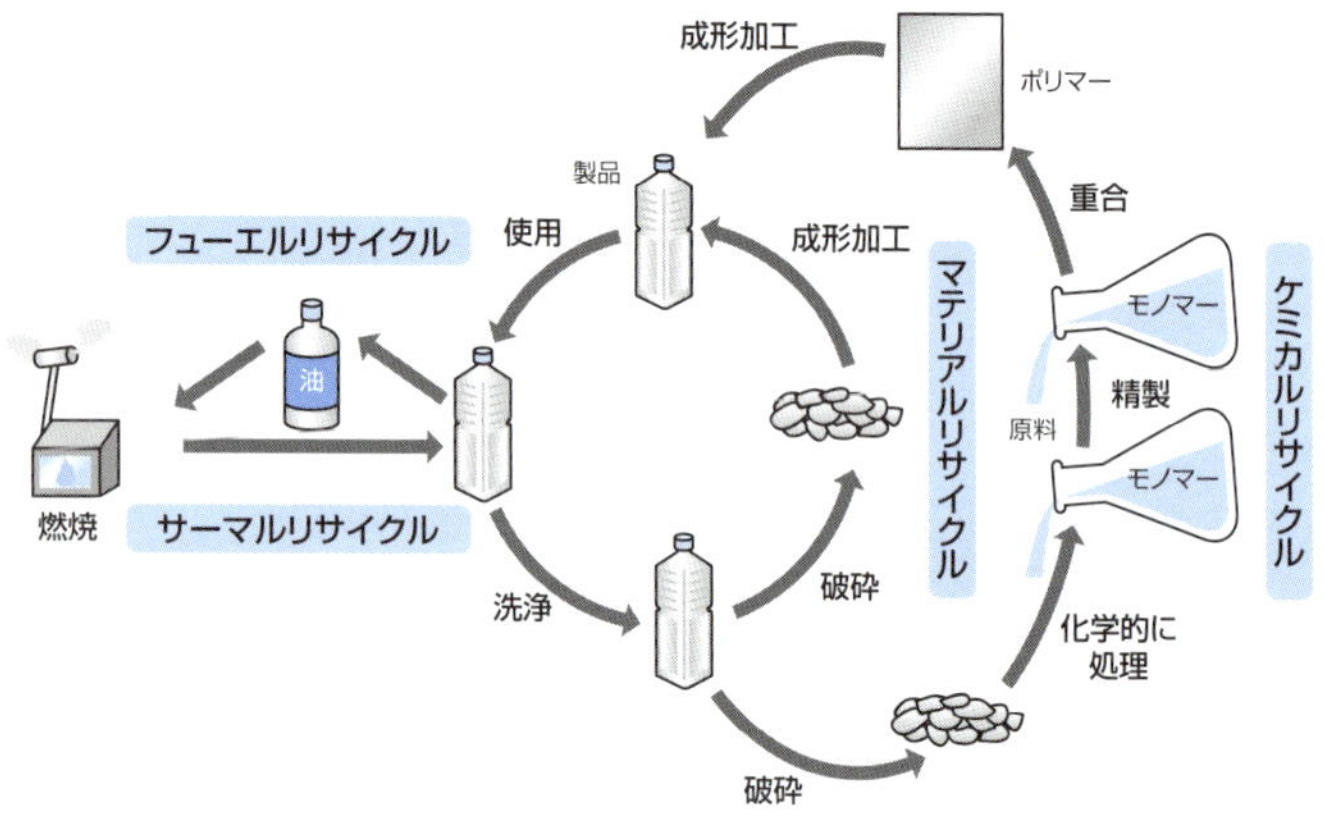

針です。発生した熱エネルギーは冷暖房、地域暖房に利用し、また発電機を回して電気エネルギーに換えて各種機器の運転に用いることができます。これはすぐにでも開始することのできるリサイクルです。

原子力発電所、その使用済み核燃料保管プールなどから出る熱エネルギーは大変なものです。使い道が無いと言って海に捨てているのはそれこそもったいない限りです。

索引

英数字・記号

π結合 35
σ結合 35
ABS樹脂 167
AS樹脂 166
C−C結合 65
PAN系炭素繊維 199
PET 158
PITCH系炭素繊維 200
pn接合 223
RNA 17
SBR 155
S−S曲線 116

あ行

アクリル 166
圧電性高分子 193
アニオン重合 70
アミド化反応 78
アミド結合 65
アモルファス 60
イオン結合 35, 36
イオン交換高分子 180
イオン性分子 42
永久双極子 54
エーテル結合 65
エステル結合 65
エチレン 46
エネルギー弾性 151
エレクレット 195
エントロピー弾性 150
エンプラ 14, 29, 167

か行

カーボンナノチューブ 198, 201
架橋構造 149
可視光線 124
可塑剤 173
カチオン重合 69
ガラス繊維強化プラスチック 212
加硫 148
機能性高分子 178
共重合反応 71
共有結合 35, 39, 45
極性状態 194
極性分子 42, 54
金属結合 35
金属繊維強化プラスチック 213
屈折率 127
形状記憶高分子 185
ケイ素樹脂 202
結合エネルギー 42
結合電子 41
結合分極 42
結晶性高分子 91
結晶領域 58
ケブラー 167
原子分極 137
高吸水性高分子 230
合成高分子 225
合成繊維 11, 157
降伏点 117
高分子 20
高分子溶液 101
コポリマー 71
コンパティビライザー 175

さ行

サーマルリサイクル 236
三重結合 43
射出成形法 145
重縮合反応 75
重付加反応 80
樹脂 30
準希薄溶液 102
準スーパーエンプラ 171
準汎用プラスチック 166
シリコーンゴム 156
水素結合 35, 53
スーパーエンプラ 29, 171
スーパーヘリックス構造 56
ステンレス繊維強化プラスチック 214
生分解性高分子 228
絶縁体 131
絶対屈折率 127
セルロイド 30
繊維強化熱可塑性プラスチック 210
繊維強化プラスチック 209, 212
双極子分極 137

複屈折率……129
房状構造……56
部分電荷……42
不飽和結合……36
分散力……55
分子間力……50
ベークライト……31
ペプチド結合……65, 79
変性ポリフェニレンエーテル……170
放射化二量化反応……110
膨潤……101
防シワ繊維……162
ホウ素樹脂……205
ポリアセチレン……188
ポリアミド……167
ポリエステル……77, 168
ポリエチレン……45, 164
ポリ塩化ビニル……165
ポリカーボネート……105, 169
ポリスチレン……106, 165
ポリテトラフルオロエチレン……106
ポリプロピレン……105, 164
ポリマー……45
ポリマーアロイ……175

ま行

マクロブラウン運動……90
マトリックス……209
ミクロブラウン運動……90
メラミン樹脂……86
モノマー……46

や行

有機EL……220
誘起双極子……54
誘電現象……138
誘電体……136
溶媒和……101

ら行

ラジカル重合……67
ラメラ構造……56
リサイクル……235
立体構造……56
連鎖反応……66
相互作用……54

た行

耐熱性……93
太陽電池……222
脱水反応……76
単位分子……22, 45
炭化水素……48
単結合……43, 47
弾性率……117
炭素繊維強化プラスチック……212
逐次反応……66, 75
超伝導状態……191
超伝導性高分子……192
沈殿剤……231
電気陰性度……37
電子分極……136
伝導性高分子……132
天然高分子……17, 226
天然繊維……157
導電性高分子……188
ドーピング……190

な行

難燃性……98
二重結合……43
熱可塑性エラストマー……154
熱可塑性高分子……31, 83, 140
熱硬化性エラストマー……156
熱硬化性高分子……141
粘弾性……121

は行

発泡高分子……176
発泡ポリスチレン……13
バリア特性……106, 208
汎用プラスチック……28, 164
光硬化性樹脂……183
光二量化反応……109, 184
非晶性高分子……92
微生物分解型高分子……228
ファンデルワールス力……35, 53
フェノール樹脂……31, 85
付加縮合反応……81
付加反応……80

■著者紹介

齋藤《さいとう》　勝裕《かつひろ》

名古屋工業大学名誉教授、愛知学院大学客員教授。大学に入学以来50年、化学一筋できた超まじめ人間。専門は有機化学から物理化学にわたり、研究テーマは「有機不安定中間体」、「環状付加反応」、「有機光化学」、「有機金属化合物」、「有機電気化学」、「超分子化学」、「有機超伝導体」、「有機半導体」、「有機EL」、「有機色素増感太陽電池」と、気は多い。執筆暦はここ十数年と日は浅いが、出版点数は150冊以上と月刊誌状態である。量子化学から生命化学まで、化学の全領域にわたる。更には金属や毒物の解説、呆れることには化学物質のプロレス中継?まで行っている。あまつさえ化学推理小説にまで広がるなど、犯罪的?と言って良いほど気が多い。その上、電波メディアで化学物質の解説を行うなど頼まれると断れない性格である。著書に、「SUPERサイエンス　分子集合体の科学」「SUPERサイエンス　分子マシン驚異の世界」「SUPERサイエンス　火災と消防の科学」「SUPERサイエンス　戦争と平和のテクノロジー」「SUPERサイエンス　「毒」と「薬」の不思議な関係」「SUPERサイエンス　身近に潜む危ない化学反応」「SUPERサイエンス　爆発の仕組みを化学する」「SUPERサイエンス 脳を惑わす薬物とくすり」「サイエンスミステリー　亜澄錬太郎の事件簿1　創られたデータ」「サイエンスミステリー　亜澄錬太郎の事件簿2　殺意の卒業旅行」「サイエンスミステリー　亜澄錬太郎の事件簿3　忘れ得ぬ想い」（C&R研究所）がある。

編集担当：西方洋一 ／ カバーデザイン：秋田勘助（オフィス・エドモント）
イラスト：©Tetiana Zaiets - stock.foto

SUPERサイエンス
プラスチック知られざる世界

2018年6月1日　　初版発行

著　者　齋藤勝裕
発行者　池田武人
発行所　株式会社　シーアンドアール研究所
新潟県新潟市北区西名目所4083-6(〒950-3122)
電話　025-259-4293　FAX　025-258-2801
印刷所　株式会社　ルナテック

ISBN978-4-86354-246-4 C0043